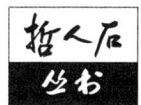

珍藏版

Philosopher's Stone Series

立足当代科学前沿

彰显当代科技名家

绍介当代科学思潮

激扬科技创新精神

珍藏版策划

王世平　姚建国　匡志强

出版统筹

殷晓岚　王怡昀

确定性的终结
时间、混沌与新自然法则

The End of Certainty
Time, Chaos, and the New Laws of Nature

Ilya Prigogine

[比]伊利亚·普里戈金——著

与伊莎贝尔·斯唐热合作

湛　敏——译

张建树——校

 上海科技教育出版社

出版前言

"哲人石",架设科学与人文之间的桥梁

"哲人石丛书"对于同时钟情于科学与人文的读者必不陌生。从1998年到2018年,这套丛书已经执着地出版了20年,坚持不懈地履行着"立足当代科学前沿,彰显当代科技名家,绍介当代科学思潮,激扬科技创新精神"的出版宗旨,勉力在科学与人文之间架设着桥梁。《辞海》对"哲人之石"的解释是:"中世纪欧洲炼金术士幻想通过炼制得到的一种奇石。据说能医病延年,提精养神,并用以制作长生不老之药。还可用来触发各种物质变化,点石成金,故又译'点金石'。"炼金术、炼丹术无论在中国还是西方,都有悠久传统,现代化学正是从这一传统中发展起来的。以"哲人石"冠名,既隐喻了科学是人类的一种终极追求,又赋予了这套丛书更多的人文内涵。

1997年对于"哲人石丛书"而言是关键性的一年。那一年,时任上海科技教育出版社社长兼总编辑的翁经义先生频频往返于京沪之间,同中国科学院北京天文台(今国家天文台)热衷于科普事业的天体物理学家卞毓麟先生和即将获得北京大学科学哲学博士学位的潘涛先生,一起紧锣密鼓地筹划"哲人石丛书"的大局,乃至共商"哲人石"的具体选题,前后不下十余次。1998年年底,《确定性的终结——时间、混沌与新自然法则》等"哲人石丛书"首批5种图书问世。因其选题新颖、译笔谨严、印制精美,迅即受到科普界和广大读者的关注。随后,丛书

又推出诸多时代感强、感染力深的科普精品,逐渐成为国内颇有影响的科普品牌。

"哲人石丛书"包含4个系列,分别为"当代科普名著系列"、"当代科技名家传记系列"、"当代科学思潮系列"和"科学史与科学文化系列",连续被列为国家"九五"、"十五"、"十一五"、"十二五"、"十三五"重点图书,目前已达128个品种。丛书出版20年来,在业界和社会上产生了巨大影响,受到读者和媒体的广泛关注,并频频获奖,如全国优秀科普作品奖、中国科普作协优秀科普作品奖金奖、全国十大科普好书、科学家推介的20世纪科普佳作、文津图书奖、吴大猷科学普及著作奖佳作奖、《Newton-科学世界》杯优秀科普作品奖、上海图书奖等。

对于不少读者而言,这20年是在"哲人石丛书"的陪伴下度过的。2000年,人类基因组工作草图亮相,人们通过《人之书——人类基因组计划透视》、《生物技术世纪——用基因重塑世界》来了解基因技术的来龙去脉和伟大前景;2002年,诺贝尔奖得主纳什的传记电影《美丽心灵》获奥斯卡最佳影片奖,人们通过《美丽心灵——纳什传》来全面了解这位数学奇才的传奇人生,而2015年纳什夫妇不幸遭遇车祸去世,这本传记再次吸引了公众的目光;2005年是狭义相对论发表100周年和世界物理年,人们通过《爱因斯坦奇迹年——改变物理学面貌的五篇论文》、《恋爱中的爱因斯坦——科学罗曼史》等来重温科学史上的革命性时刻和爱因斯坦的传奇故事;2009年,当甲型H1N1流感在世界各地传播着恐慌之际,《大流感——最致命瘟疫的史诗》成为人们获得流感的科学和历史知识的首选读物;2013年,《希格斯——"上帝粒子"的发明与发现》在8月刚刚揭秘希格斯粒子为何被称为"上帝粒子",两个月之后这一科学发现就勇夺诺贝尔物理学奖;2017年关于引力波的探测工作获得诺贝尔物理学奖,《传播,以思想的速度——爱因斯坦与引力波》为读者展示了物理学家为揭示相对论所预言的引力波而进行的历时70

年的探索……"哲人石丛书"还精选了诸多顶级科学大师的传记,《迷人的科学风采——费恩曼传》《星云世界的水手——哈勃传》《美丽心灵——纳什传》《人生舞台——阿西莫夫自传》《知无涯者——拉马努金传》《逻辑人生——哥德尔传》《展演科学的艺术家——萨根传》《为世界而生——霍奇金传》《天才的拓荒者——冯·诺伊曼传》《量子、猫与罗曼史——薛定谔传》……细细追踪大师们的岁月足迹,科学的力量便会润物细无声地拂过每个读者的心田。

"哲人石丛书"经过20年的磨砺,如今已经成为科学文化图书领域的一个品牌,也成为上海科技教育出版社的一面旗帜。20年来,图书市场和出版社在不断变化,于是经常会有人问:"那么,'哲人石丛书'还出下去吗?"而出版社的回答总是:"不但要继续出下去,而且要出得更好,使精品变得更精!"

"哲人石丛书"的成长,离不开与之相关的每个人的努力,尤其是各位专家学者的支持与扶助,各位读者的厚爱与鼓励。在"哲人石丛书"出版20周年之际,我们特意推出这套"哲人石丛书珍藏版",对已出版的品种优中选优,精心打磨,以全新的形式与读者见面。

阿西莫夫曾说过:"对宏伟的科学世界有初步的了解会带来巨大的满足感,使年轻人受到鼓舞,实现求知的欲望,并对人类心智的惊人潜力和成就有更深的理解与欣赏。"但愿我们的丛书能助推各位读者朝向这个目标前行。我们衷心希望,喜欢"哲人石丛书"的朋友能一如既往地偏爱它,而原本不了解"哲人石丛书"的朋友能多多了解它从而爱上它。

上海科技教育出版社
2018年5月10日

学者对谈

"哲人石丛书":20 年科学文化的不懈追求

◇ 江晓原(上海交通大学科学史与科学文化研究院教授)
◆ 刘兵(清华大学社会科学学院教授)

◇ 著名的"哲人石丛书"发端于 1998 年,迄今已经持续整整 20 年,先后出版的品种已达 128 种。丛书的策划人是潘涛、卞毓麟、翁经义。虽然他们都已经转任或退休,但"哲人石丛书"在他们的后任手中持续出版至今,这也是一幅相当感人的图景。

说起我和"哲人石丛书"的渊源,应该也算非常之早了。从一开始,我就打算将这套丛书收集全,迄今为止还是做到了的——这必须感谢出版社的慷慨。我还曾向丛书策划人潘涛提出,一次不要推出太多品种,因为想收全这套丛书的,应该大有人在。将心比心,如果出版社一次推出太多品种,读书人万一兴趣减弱或不愿一次掏钱太多,放弃了收全的打算,以后就不会再每种都购买了。这一点其实是所有开放式丛书都应该注意的。

"哲人石丛书"被一些人士称为"高级科普",但我觉得这个称呼实在是太贬低这套丛书了。基于半个世纪前中国公众受教育程度普遍低下的现实而形成的传统"科普"概念,是这样一幅图景:广大公众对科学技术极其景仰却又懂得很少,他们就像一群嗷嗷待哺的孩子,仰望着高踞云端的科学家们,而科学家则将科学知识"普及"(即"深入浅出地"单向灌输)给他们。到了今天,中国公众的受教育程度普遍提高,最基础的科学教育都已经在学校课程中完成,上面这幅图景早就时过境迁。传统"科普"概念既已过时,鄙意以为就不宜再将优秀的"哲人石丛书"放进"高级科普"的框架中了。

◆ 其实,这些年来,图书市场上科学文化类,或者说大致可以归为此类的丛书,还有若干套,但在这些丛书中,从规模上讲,"哲人石丛书"应该是做得最大了。这是非常不容易的。因为从经济效益上讲,在这些年的图书市场上,科学文化类的图书一般很少有可观的盈利。出版社出版这类图书,更多地是在尽一种社会责任。

但从另一方面看,这些图书的长久影响力又是非常之大的。你刚刚提到"高级科普"的概念,其实这个概念也还是相对模糊的。后期,"哲人石丛书"又分出了若干子系列。其中一些子系列,如"科学史与科学文化系列",里面的许多书实际上现在已经成为像科学史、科学哲学、科学传播等领域中经典的学术著作和必读书了。也就是说,不仅在普及的意义上,即使在学术的意义上,这套丛书的价值也是令人刮目相看的。

与你一样,很荣幸地,我也拥有了这套书中已出版的全部。虽然一百多部书所占空间非常之大,在帝都和魔都这样房价冲天之地,存放图书的空间成本早已远高于图书自身的定价成本,但我还是会把这套书放在书房随手可取的位置,因为经常会需要查阅其中一些书。这也恰恰说明了此套书的使用价值。

◇ "哲人石丛书"的特点是:一、多出自科学界名家、大家手笔;二、书中所谈,除了科学技术本身,更多的是与此有关的思想、哲学、历史、艺术,乃至对科学技术的反思。这种内涵更广、层次更高的作品,以"科学文化"称之,无疑是最合适的。在公众受教育程度普遍较高的西方发达社会,这样的作品正好与传统"科普"概念已被超越的现实相适应。所以"哲人石丛书"在中国又是相当超前的。

这让我想起一则八卦:前几年探索频道(Discovery Channel)的负责人访华,被中国媒体记者问到"你们如何制作这样优秀的科普节目"时,立即纠正道:"我们制作的是娱乐节目。"仿此,如果"哲人石丛书"的出版人被问到"你们如何出版这样优秀的科普书籍"时,我想他们也应该立即纠正道:"我们出版的是科学文化书籍。"

这些年来,虽然我经常鼓吹"传统科普已经过时"、"科普需要新理念"等等,这当然是因为我对科普作过一些反思,有自己的一些想法。但考察这些年持续出版的"哲人石丛书"的各个品种,却也和我的理念并无冲突。事实上,在我们两人已经持续了17年的对谈专栏"南腔北调"中,曾多次对谈过"哲人石丛书"中的品种。我想这一方面是因为丛书当初策划时的立意就足够高远、足够先进,另一方面应该也是继任者们在思想上不懈追求与时俱进的结果吧!

◆ 其实,究竟是叫"高级科普",还是叫"科学文化",在某种程度上也还是个形式问题。更重要的是,这套丛书在内容上体现出了对科学文化的传播。

随着国内出版业的发展,图书的装帧也越来越精美,"哲人石丛书"在某种程度上虽然也体现出了这种变化,但总体上讲,过去装帧得似乎还是过于朴素了一些,当然这也在同时具有了定价的优势。这次,在原来的丛书品种中再精选出版,我倒是希望能够印制装帧得更加精美一些,让读者除了阅读的收获之外,也增加一些收藏的吸引力。

由于篇幅的关系,我们在这里并没有打算系统地总结"哲人石丛书"更具体的内容上的价值,但读者的口碑是对此最好的评价,以往这套丛书也确实赢得了广泛的赞誉。一套丛书能够连续出到像"哲人石丛书"这样的时间跨度和规模,是一件非常不容易的事,但唯有这种坚持,也才是品牌确立的过程。

最后,我希望的是,"哲人石丛书"能够继续坚持以往的坚持,继续高质量地出下去,在选题上也更加突出对与科学相关的"文化"的注重,真正使它成为科学文化的经典丛书!

2018年6月1日

内容提要

时间,我们存在的基本维度,令每一种文化和每一个世纪的艺术家、哲学家和科学家为之陶醉。我们都记得小时候经历过的这样一些时刻:当时间变成一种个人的实在;当我们认识到什么是"年";当我们问自己什么是"现在"。常识告诉我们,从摇篮到墓地,时间一往无前,永不倒退。然而,爱因斯坦却说,时间是一种错觉。他和牛顿确定的自然法则,描绘了一个无时间的确定性宇宙,我们在这个世界里可以十拿九稳地作出预言。实际上,这些大物理学家们主张,时间是可逆的,从而是毫无意义的。

诺贝尔奖得主普里戈金教授近年来的研究,带来了一种重要的观念变革。科学家们不断发现不稳定性和涨落,不稳定性和涨落在从宇宙学到分子生物学的所有存在层次上产生了演化模式。时间可逆过程在现实世界中是罕见的,不可逆过程(如炒鸡蛋)却在我们周围频频发生,但直到普里戈金,才有人认真尝试在物理学定律中包含这一明显的不可逆时间流。在这么做的过程中,普里戈金改造了物理学,赋予物理学一种新的文化内涵。在艺术、医学、商业、社会科学和技术等行业,专家们都承认受益于普里戈金那些振聋发聩的洞见。

如今，普里戈金向广大读者呈现他与自然之经典描述的彻底决裂。他通过考察西方的时间观，向我们显示，只要遵循现实世界的概率过程，我们就将远离僵化的决定论力学。在本书中，他引导我们经历一种奇妙的智力探险——从古希腊出发，经过牛顿轨道和确定性混沌，到达量子理论与"免费午餐"宇宙学统一表述的高度。他的惊人结果包括：量子力学可以推广到用来证明时间的天然不可逆性；并进而指出，时间确实先于大爆炸。

普里戈金解构了确定性世界观，但他反对纯机遇的任意宇宙思想。他认为，我们生活在一个可确定的概率世界之中，生命和物质在这个世界里沿时间方向不断演化，确定性本身才是错觉。普里戈金在以前的著作中引入的"自组织"等概念，现在在一个严谨的科学世界观中适得其所。《确定性的终结》是一部分水岭式的著作，它表明，一种全新的科学与文化之自然法则诞生了。

作者简介

伊利亚·普里戈金(1917—2003),耗散结构理论创立者,1977年诺贝尔化学奖得主,比利时皇家研究院荣誉院士,美国国家科学院外籍院士,曾获53个荣誉学位。著有《不可逆过程热力学导论》、《从存在到演化》、《从混沌到有序》,以及本书《确定性的终结》等。

CONTENTS 目录

目录

001— 中文版序

003— 致谢

005— 作者附言

001— 引言　一种新的理性？

006— 第一章　伊壁鸠鲁的二难推理

042— 第二章　仅仅是一种错觉？

054— 第三章　从概率到不可逆性

066— 第四章　混沌定律

080— 第五章　超越牛顿定律

097— 第六章　量子理论的统一表述

113— 第七章　我们与自然的对话

120— 第八章　时间先于存在？

134— 第九章　一条窄道

140— 注释

中文版序

我非常高兴本书被译成中文,将为中国读者所接受。这也给我一个机会来强调本书的一个重要观点——科学与文化的联系。日本科学家汤川秀树指出:"听起来也许奇怪,身为一名物理学家,我却越来越强烈地感受到现代物理学与我自身的疏远。"西方科学所强调的"自然法则"思想与中国的传统思想形成了鲜明对照,因为,在中文里,"自然"即"天然"。

西方科学和西方哲学一贯强调主体与客体之间的二元性,这有悖于注重"天人合一"的中国哲学。

本书所阐述的结果把现代科学与中国哲学拉近。自组织的宇宙也是"自发"的世界,它表达了一种与西方科学的经典还原论不同的整体自然观。我们愈益接近两种文化传统的交汇点:一方面,我们必须保留已经证明相当成功的西方科学的分析观点,同时必须重新表述把自然的自发性和创造性囊括在内的自然法则。本书的雄心正是要以一种广大读者易于接受的方式来阐述一种综合论。自本书于1996年问世以来,沿着这条思路又取得了更多的进展。

在20世纪末,我们并非面对科学的终结,而是正目睹新科学的萌生。我衷心希望,中国青年一代科学家能为创建这一新科学作出贡献。

最后,我要感谢湛敏女士对本书的翻译,感谢上海科技教育出版社出版本书的中文版。

伊利亚·普里戈金
1998年8月5日于布鲁塞尔

致 谢

本书有着某种不寻常的历史。起初,斯唐热和我只想把我们合著的书《在时间与永恒之间》[1] 译成英文出版。我们准备了若干个版本:一个是德文版,另一个是俄文版[2]。但与此同时,在我们研究的数学表述方面取得了重要的进展。结果,我们放弃了原书的翻译工作,着手写一个新的版本,即最近出版的法文版《确定性的终结》[3]。斯唐热要求在这本新著中不作为合著者,而只作为合作者出现。我对她满怀感激并尊重她的意愿,但我想强调指出,没有她的帮助,本书是不可能写就的。我要对她表示最诚挚的感谢。

本书是布鲁塞尔学派和奥斯汀学派数十年研究工作的结果。虽然物理思想早已明晰,但它们精确的数学表述只是在最近几年才得到。[4] 在这里,我想对这个学派的年轻成员和热心的合作者表达感激之情,他们对构成本书基础的时间之本性问题的新表述作出了重要贡献。我要特别提到布鲁塞尔的安东尼乌(Ioannis Antoniou),奥斯汀的德里贝(Dean Driebe)、长谷川(Hiroshi Hasegawa)和彼得罗斯基(Tomio Petrosky),以及京都的多崎(Shuichi Tasaki)。我还要提到我在布鲁塞尔的老同事,他们奠定了使进一步进展成为可能的基础。我感谢伯列斯库(Radu Balescu)、德·哈恩(Michel de Haan)、埃宁(Françoise Henin)、乔治(Claude George)、格雷科斯(Alkis Grecos)和迈内(Fernand Mayné)。遗憾的是,雷西博斯(Pierre Résibois)和罗森菲尔德(Léon Rosenfeld)不再和我们在一起了。

没有许多机构的持续支持,本书所呈现的工作是无法完成的。我特别感谢比利时的法兰西共同体、比利时联邦政府、布鲁塞尔的国际索尔维研究所、美国能源部、欧洲联盟,以及得克萨斯的韦尔奇基金会。

英语不是我的母语,所以我非常感谢得克萨斯大学奥斯汀分校的苏达尚(E. C. George Sudarshan)博士和德里贝博士,以及伦敦的洛尔蒂默(David Lortimer)博士,他们仔细阅读了本书。我还要感谢我的法国出版商奥迪勒·雅各布(Odile Jacob)女士,她鼓励我撰写这本新著。感谢我在美国的编辑莫罗(Stephen Morrow)和肖布哈特(Judyth Schaubhut),他们帮助我准备本书的英文版。

我坚信,我们正处在科学史中的一个重要转折点上。我们走到了伽利略和牛顿所开辟的道路的尽头,他们给我们描绘了一个时间可逆的确定性宇宙的图景。我们现在看到的是确定性的腐朽和物理学定律新表述的诞生。

作者附言

我力求本书通俗易懂,为广大读者所接受。然而,在第五章和第六章,还涉及较多的专业细节,因为我所提交的许多结果显著偏离传统观点。尽管本书是数十年研究的成果,却仍有许多问题有待解答。但考虑到我们每个人的生命有涯,我的工作成果就如此奉献给大家。我不是想邀请读者来参观考古博物馆,而是想让读者自己来领略科学探险的乐趣。

引 言

一种新的理性？

20世纪初,波普尔(Karl Popper)在他所著的《开放的宇宙——关于非决定论的论争》一书中写道:"常识倾向于认为**每一**事件总是由在先的某些事件所引起,所以每个事件是可以解释或预言的。……另一方面……常识又赋予成熟而心智健全的人……在两种可能的行为之间自由选择的能力。"[1] 这一詹姆斯(William James)所称的"决定论的二难推理"与时间的含义密切相关。[2] 未来是给定的还是不断变化的结构？这个二难推理对每个人都非常重要,因为时间是我们存在的基本维度。正是把时间结合到伽利略物理学概念体系之中,标志了近代科学的起源。

人类思想的这一成就正是本书所述核心问题的根源,即对**时间之矢**的否定。众所周知,爱因斯坦(Albert Einstein)常常说:"时间是一种错觉。"的确,物理学基本定律所描述的时间,从经典的牛顿动力学到相对论和量子力学,均未包含过去与未来之间的任何区别。其至对于今日的许多物理学家而言,这已是一种信念:就自然的基本描述而言,不存在什么时间之矢。

然而,无论在化学、地质学、宇宙学、生物学或者人文学科领域,处处都可以见到未来和过去扮演着不同的角色。从物理学描述的时间对称的世界如何产生时间之矢？这就是**时间佯谬**——本书的中心议题之一。

时间佯谬是在 19 世纪下半叶，在维也纳物理学家玻尔兹曼（Ludwig Boltzmann）的研究工作之后被确认的，他试图仿效达尔文（Charles Darwin）在生物学中的研究，系统阐述物理学中的演化方法。但在当时，牛顿物理学定律长期被公认为客观知识的典范。由于牛顿定律隐含着过去与未来之间的等价性，因而，任何赋予时间之矢以基本意义的尝试均因危及这一典范而受到抵制。牛顿定律在它适用的领域被认为是终极完善的，这有点像今天许多物理学家把量子力学看作终极完善的一样。那么，在不破坏人类思想的这些惊人成就的情况下，我们如何引入单向时间呢？

自从玻尔兹曼以来，时间之矢被贬低到现象学范畴。我们人作为不完善的观测者，通过对自然的描述中引入近似，造成了过去与未来之间的差异。这依然是盛行的科学说法。有些专家悲叹，我们立于科学无能为力和无法解决的奥秘面前。我们相信情况不再如此，原因在于最近的两个进展：一方面是非平衡物理学，另一方面是肇始于混沌概念的不稳定系统动力学，二者都取得了长足的进展。

在过去几十年间，一门新学科——**非平衡过程物理学**——诞生了。这门新学科产生了像**自组织和耗散结构**这样一些概念。如今，它们被广泛应用于许多学科，包括宇宙学、化学、生物学以及生态学和社会科学。非平衡过程物理学描述了单向时间效应，为不可逆性这一术语给出了新的含义。过去，时间之矢只是通过像扩散或黏性这样的简单过程出现在物理学中，在通常的时间可逆动力学未作任何扩展的情况下，这是可以理解的。但今天已非同以往。我们现在知道，不可逆性导致了诸如涡旋形成、化学振荡和激光等许多新现象，所有这些现象都说明了时间之矢至关重要的**建设性**作用。不可逆性再也不会被认为是一种如果我们具备了完善的知识就会消失的表象。不可逆性导致了相干，其影响包含亿万个粒子。形象地说：不具备时间之矢的平衡态物质，是"盲目的"；具备了时间之矢，它才开始"看见"。没有这种起因于不可逆非平衡过程的相干，很难想象地球上会出现生命。因此，断言时间之矢"仅仅是现象学的"，或者是主观的，皆属荒谬。我们确实是时间之矢之子、演化之子，而不是其祖先。

修正时间概念的第二个重要进展是不稳定系统的物理学表述。经典科学强调有序和稳定性。现在，反过来，我们在观测的所有层次上都看到了涨落、不稳定性、多种选择和有限可预测性。像"混沌"这样的思想已变得相当流行，影响着从宇宙学到经济学，实际上所有科学领域的思想。我们将要表明，我们现在可以扩展经典物理学和量子物理学以包括不稳定性和混沌。这样，我们会得到适合于描述我们的演化宇宙的自然法则的一种表述，其中包含了时间之矢，而过去和未来也不再扮演对称的角色。从经典观点——包括量子力学和相对论——来看，自然法则表达确定性，即只要给定了适当的初始条件，我们就能够用确定性来预言未来，或"溯言"过去。一旦包括了不稳定性，情况就不再是这样了，自然法则的意义发生了根本变化，因为自然法则现在表达可能性或概率。在此，我们与西方思想的基本传统之一（对确定性的信念）相抵触。如同吉热泽（Gerd Gigerenzer）等人在《机遇帝国》一书中所述："尽管2000年来的科学剧变把亚里士多德（Aristotle）与巴黎的贝尔纳（Claude Bernard）分开，他们至少共享一种信念：科学与原因有关，与机遇无涉。康德（Kant）甚至鼓吹构成所有科学知识必要条件的普适的因果决定论。"[3]

然而，也存在着反对的呼声。大物理学家麦克斯韦（James Clerk Maxwell）就谈到"一种新型的知识"会克服决定论的偏见。[4] 但总的来说，盛行的观点是，概率是心智的状态，不是世界的状态。尽管量子力学已把统计概念囊括于物理学核心之中,如今仍然如此,但量子力学的基本对象**波函数**却满足确定性的时间可逆方程。要引入概率和不可逆性,量子力学的正统表述需要一个观测者。

观测者可以通过观测在时间对称的宇宙中引入不可逆性。再者,像在时间佯谬中一样,从某种意义上说,我们对宇宙的演化模式负有责任。观测者的这种作用,给量子力学涂上了主观色彩。这也是妨碍爱因斯坦认可量子力学的主要原因,许多无休止的争论也因此而起。

把不可逆性或者时间流引入到量子理论中,观测者的作用是一个必要的概念。然而,一旦证明不稳定性破坏了时间对称性,观测者就不再重要了。解决了时间佯谬,我们也就解决了量子佯谬,从而得到一个新的、量子论的实在论表述。这并不意味着回到经典决定论的正统观念,恰恰相反,我们超出了与传统量子论定律相联系的确定性,转而强调概率的基本作用。无论是在经典物理学,还是在量子物理学中,基本定律现在表达概率。我们不仅需要**定律**,而且需要把完全新颖的要素引入自然描述的**事件**。这种新要素使我们得到麦克斯韦所期望的"新型的知识"。对于经典概率论的奠基人之一棣莫弗(Abraham De Moivre)来说,机遇既无法定义也难以理解。[5] 我们将表明,我们现在能够把概率包括到物理学基本定律的表述之中。只要做到这一点,牛顿确定论就破产了:未来不再由过去所确定,过去与未来之间的对称性被打破了。这使我们面对最困难的问题:什么是时间之源?时间起源于大爆炸,还是先于我们的宇宙而存在?

这些问题把我们置于空间和时间的边缘。详细解释我们主张的宇宙学含义,需要写一本专著。扼要地说,我们认为,"大爆炸"是与产生我们宇宙的介质内的不稳定性相联系的一个事件,它标志着我们宇宙的起源,但不代表时间的起源。尽管我们的宇宙有年龄,但产生我们宇宙的介质却没有年龄。时间没有开端,也许亦无终点。

但是在这里,我们开始涉足臆测的世界。本书的主要目的是提出低能区内自然法则的表述。这是宏观物理学、化学和生物学的领域,亦是人类存在实实在在发生的领域。

时间和决定论难题,自从前苏格拉底学者以来一直是西方思想的核心。在一个确定性世界里,我们如何构想人的创造力或行动准则呢?

这一问题反映了西方人文主义传统中存在的深刻矛盾,这个传统强调两个方面,即知识和客观性的重要性,以及个体责任和民主理想所蕴含的自由选择。波普尔和其他许多哲学家都指出,只要自然单纯由确定性科学所描述,我们就面临无法解决的难题。[6] 把我们与自然界分离开来,是现代精神难以接受的一种二元论。我们在本书中的目标是要显示,现在我们能够克服这一障碍。倘若如塔纳斯(Richard Tarnas)所述,"西方世界的激情在于与其存在的基础重新统一",那么说我们正在接近我们激情的目标也许并不为过。[7]

人类正处于一个转折点上,正处于一种新理性的开端。在这种新理性中,科学不再等同于确定性,概率不再等同于无知。我们完全赞同勒克莱尔(Ivor Leclerc)的看法,他说:"在20世纪,我们遇到继牛顿物理学在18世纪取得胜利以来科学与哲学的分离。"[8] 布罗诺夫斯基(Jacob Bronowski)如是很好表达了同样的思想:"认识人性和认识自然界内的人类境况,是科学的一个中心课题。"[9]

在20世纪末,常常有人问科学的未来可能是什么样子。对于某些人,比如霍金(Stephen W. Hawking),他在所著的《时间简史》中指出,我们接近终结,即到了接近了解"上帝意志"的时刻。[10] 相反,我们认为,我们其实正处于一个新科学时代的开端。我们正在目睹一种科学的诞生,这种科学不再局限于理想化和简单化情形,而是反映现实世界的复杂性,它把我们和我们的创造性都视为在自然的所有层次上呈现出来的一个基本趋势。

第一章

伊壁鸠鲁的二难推理

I

宇宙是否由确定性定律所支配？时间的本质是什么？这些问题在西方理性的萌发时期即已被前苏格拉底学者阐述过了。2500年之后，我们依然要面对这些问题。然而，与混沌和不稳定性相联系的物理学和数学的最新进展，却开辟了不同的研究道路。我们正在开始用一种新的观点来审视这些难题，它们涉及人类在自然界中地位。现在，我们可以避开过去的那些矛盾了。

希腊哲学家伊壁鸠鲁（Epicurus）第一个表述了一个根本性的二难推理。作为德谟克利特（Democritus）的追随者，他认为世界由原子和虚空组成。而且，他断言原子以相同的速度平行地通过虚空下落。那么，它们怎么发生碰撞？与原子的组合密切相关的新奇性又如何出现呢？对伊壁鸠鲁来说，科学的问题、自然的可理解性问题以及人的命运问题是不可分离的。在确定性的原子世界里，人类自由的含义是什么呢？伊壁鸠鲁在给梅内苏斯（Meneceus）的信中写道："我们的意志是自主的和独立的，我们可以赞扬它或指责它。因此，为了保持我们的自由，保持对神的信仰比成为物理学家命运的奴隶更好。前者给予我们通过预言和牺牲以赢得神的仁慈的希望;后者相反,它带来一种不可抗拒的必然性。"[1] 这一引语听上去是多么现代呀!西方传统中最伟大的思想家们,像康德、怀特海(Alfred North Whitehead)和海德格尔(Martin Heidegger),都一而再地感到,他们不得不在异化的科学与反科学的哲学之间作出悲剧性的选择。他们试图找到一些折中办法,但没有一个办法证明令人满意。

伊壁鸠鲁认为,他找到了解决这个二难推理困境的办法,他称之为**倾向**。卢克莱修(Lucretius)指出:"当一些物体因它们自身的重量而通过虚空直线下落,**在十分不确定的时间和不确定的地点,它们就会稍稍偏离其轨道**,称之为改变了方向是恰如其分的。"[2] 然而,没有任何机制可以解释这种倾向。毫不奇怪,它总是被看作一种外来的、随意的因素。

但我们的确需要这种新奇性吗?照波普尔的理解,对于赫拉克利特(Heraclitus)来说,"真理就是抓住自然的基本**演化**,即把它作为内在的无限之物,作为它**自身的过程**加以表述"。[3] 巴门尼德(Parmenides)则持相反观点。他在其关于存在独特实在的名诗中写道:"它不是过去,也不是将来,正是现在,才是一切。"[4]

有趣的是,伊壁鸠鲁的倾向在20世纪的科学中反复出现。爱因斯坦在他关于光子发射与原子能级间跃迁的经典论文(1916)里,清楚地表达了他对科学确定论的信念,尽管他假设这些发射由机遇所支配。

希腊哲学不能解决这个二难推理。柏拉图(Plato)将真理与存在联系在一起,即与演化之外不变的实在相联系。然而他感到了这种状况的二难特征,因为它贬低生命和思想。在《智者篇》中,柏拉图断言我们既需要存在也需要演化。[5]

这种二元性直到现在仍在困扰着西方思想。如法国哲学家瓦尔(Jean Wahl)所强调的,西方哲学史总的来说是一个不愉快的历史,其特征是,在作为自动机的世界与上帝主宰宇宙的神学之间不断地摇摆。[6] 两者都是确定论形式。

这场争论在18世纪随着"自然法则"的发现发生了转折。最重要的例子就是牛顿的力和加速度关系定律。这一定律是确定性的,更重要的是,它是时间可逆的。一旦知道了初始条件,我们既可以推算出所有的后继状态,也可以推演出先前的状态。此外,过去和未来扮演着相同的角色,因为牛顿定律在时间 $t \to -t$ 反演下具有不变性。这导致了拉普拉斯妖的出现:拉普拉斯(Pierre-Simon de Laplace)想象这个小妖有能力去观察宇宙的现今状态并预言其演化。[7]

众所周知,牛顿定律在20世纪已被量子力学和相对论所取代。然而牛顿定律的基本特性——确定性和时间对称性——却幸存下来。不错,量子力学不再涉及轨道,而是与波函数相关(参见本章第Ⅳ节和第六章),但重要的是,我们注意到,量子力学的基本方程式薛定谔方程同样是确定性的和时间可逆的。

依靠此种方程,自然法则导致了确定性。一旦初始条件给定,一切都是确定了的。自然是一个至少在原则上我们可以控制的自动机,新奇性、选择和自发行为仅仅从人类的角度来看是真实的。

许多历史学家认为,在这种自然观中,17世纪作为全能立法者的基督教上帝扮演了一个基本角色。神学和科学都对此表示许可。莱布尼兹(Gottfried von Leibniz)写道:"对一点点物质,如上帝之目那样锐利的眼睛可以洞察宇宙中事物的整个过程,包括那些**现存的、过去的和未来将发生的**。"[8] 自然之确定性定律的发现,就这样引导人们的知识更接近于神授的、不受时间影响的观点。

受确定性时间可逆定律支配的被动自然概念对西方世界来说是非常明确的。在中国和日本,自然意味着"天然"。李约瑟(Joseph Needham)在其杰作《东方与西方的科学和社会》中用反语告诉我们,中国学者欢呼耶稣会士宣告现代科学的胜利。[9]对他们来说,自然受简单、可知的法则所支配的思想简直是人类中心蠢行的范例。按照中国传统,自然是自发的和谐。所以,谈论"自然法则"就是让某种外部权威凌驾于自然之上。

在给伟大的印度诗人泰戈尔(Rabindranath Tagore)的信中,爱因斯坦写道:

> 如果月亮在其环绕地球运行的永恒运动中被赋予自我意识,它就会完全确信,它是按照自己的决定在其轨道上一直运行下去。
>
> 这样,会有一个具有更高的洞察力和更完备智力的存在物,注视着人和人的所作所为,嘲笑人以为他按照自己的自由意志而行动的错觉。
>
> 这就是我的信条,尽管我非常清楚它不完全是可论证的。如果有人想到了最后一个精确知道和了解的结论,只要其自爱不进行干扰,几乎没有任何人类个体能够不受那种观点的影响。人防止自己被认为是宇宙过程中的一个无能为力的客体,但发生的合法性,例如它在无机界中多多少少所展露出来的,会停止在我们大脑的活动中起作用吗?[10]

对爱因斯坦来说,这似乎是与科学成就相一致的唯一主张,但这一结论现在如同它对伊壁鸠鲁一样难以接受。时间是我们基本的存在维度。自从19世纪以来,哲学变得越来越以时间为中心,我们在黑格尔(Georg Wilhelm Hegel)、胡塞尔(Edmund Husserl)、詹姆斯、柏格森(Henri Bergson)、海德格尔和怀特海等人的工作中不难看到这一点。对于像爱因斯坦这样的物理学家来说,这个难题已经解决了。但对哲学家而言,在人类存在的最基本意义上,它仍是认识论的中心问题。

波普尔在《开放的宇宙——关于非决定论的论争》中写道:"我认为,拉普拉斯决定论似乎是由物理学中自明的确定论理论及它们那令人难以置信的成功所巩固的,它是我们认识和确证人的自由本性、创造性和责任中最顽固、最严重的困难。"对波普尔来说,"时间和变化的实在性是实在论的症结"。[11]

柏格森在一篇短文《可能与现实》中质问:"时间的角色是什么?……时间阻止了所有事物同时给出。……它难道不是创造性和选择的载体吗?时间的存在难道不是自然界中非决定论的证明吗?"[12] 对波普尔和柏格森而言,我们需要"非决定论"。但在决定论之外我们还能怎么做呢?詹姆斯在"决定论的困境"一文中透彻地分析了这一困难。[13] 决定论符合于精确定义的机械论,就像被牛顿、薛定谔和爱因斯坦所表述的自然法则所显示的那样,它是"可数学化的"。相反,对决定论的偏离似乎是引入了像机会或者机遇这样一些拟人的概念。

时间可逆的物理学观点与以时间为中心的哲学之间的矛盾,已经导致了一场公开的冲突。如果科学不能将人的经验的一些基本方面结合在一起,那么科学的目的是什么呢?海德格尔的反科学态度是众所周知的。尼采(Friedrich Nietzsche)断言,没有事实,只有解释。塞尔(John R. Searle)指出,后现代哲学以其解构观点对西方关于真理性、客观性和实在性的传统提出了挑战。[14] 此外,演化和事件在我们关于自然的描述中的作用稳步增加。那么,我们怎么维持时间可逆的物理学观点呢?

1994年10月,《科学美国人》杂志出了一期"宇宙中的生命"专刊。[15] 在所有层次上,无论是宇宙学、地质学、生物学,还是人类社会,我们都看到了与不稳定性和涨落相关的演化过程。因而,我们不能回避这个问题:这些演化模式如何建立在物理学基本定律的基础之上?只有一篇由著名物理学家温伯格(Steven Weinberg)写的文章,与这一问题有关。他写道:"我们虽然喜欢采用一种统一的自然观,但在宇宙中,智慧生命的作用仍遇到一个棘手的二元论。……一方面,薛定谔方程以一种完美的**确定论**方法描述了任何系统的波函数如何随时间而变化;另一方面,相当不同的一个方面,当有人进行**测量**时,又有一组原则规定如何用波函数推算各种可能结局的概率。"[16]

难道这表明,通过我们的测量,我们能回到宇宙演化的初始状态吗?温伯格谈到一个棘手的二元性,一种在现在的许多出版物中都能找到的观点。例如,霍金在《时间简史》中鼓吹一种宇宙学的纯粹几何学解释,[17]简言之,时间就是空间的机遇。但霍金也明白这一解释是不够的,我们需要一个时间之矢来研究智慧生命。因此,像其他许多宇宙学家一样,霍金引入了所谓**人存原理**。但这一原理与伊壁鸠鲁的倾向一样武断,霍金对于人存原理如何能从静态的几何宇宙中产生出来没有作任何说明。

如上所述,爱因斯坦试图以我们被视为纯粹的自动机为代价,来维护包括人类在内的自然的统一,这也是斯宾诺莎(Baruch Spinoza)的观点。但也是在17世纪,笛卡儿(René Descartes)提出了另一种途径,它涉及二元论的概念:一方面是由几何学描述的物质 res extensa(广延物);另一方面是与 res cogitans(思想物)相联系的心智。[18]笛卡儿通过这种方法阐述了简单物理系统(如无摩擦的摆)的行为与人脑的运作之间的显著差异。奇怪的是,人存原理把我们带回到了笛卡儿的二元论。

在《皇帝新脑》中,彭罗斯(Roger Penrose)写道:"正是我们目前缺乏对物理学基本定律的认识,妨碍了我们用物理学或逻辑学术语去掌握'心智'这一概念。"[19]我们相信彭罗斯是对的:我们需要一种物理学基本定律的新表述,自然的演化必须用物理学基本定律来表达。只有这样,我们才能给伊壁鸠鲁的二难推理一个满意的回答。非决定论和时间不对称都必须在动力学中找到原因。那些不包含这些特征的表述是不完备的,正如那些忽略引力或电磁相互作用的物理学表述不完备一样。

概率在从经济学到遗传学的众多学科中起着至关重要的作用。然而,认为概率不过是一种心智状态的思想依然存在。我们现在必须走得更远,必须揭示出概率如何进入到物理学(不管是经典物理学还是量子物理学)的基本定律之中。目前,提出自然法则的新表述是可能的。我们通过提出新表述获得了更能接受的描述,在这一描述中有自然法则的位置,也有新奇性和创造性的位置。

本章开头,我们提到过前苏格拉底学者。事实上,我们受益于人类历史形成以来古希腊人的两个理念:第一,是自然的"可理解性",或用怀特海的话:"建立一个有条理的、逻辑的、关于普遍思想的必不可少的系统,使我们经验的每个要素都能得到解释。"[20] 第二,是建立在人的自由、创造性和责任感前提之上的民主思想。只要科学仍将自然描述为一架自动机,那么,这两个理念就是相互矛盾的。这正是我们要着手克服的矛盾。

II

在第 I 节里,我们强调了时间和决定论难题形成了科学与哲学之间,或换言之,斯诺(C. P. Snow)的"两种文化"之间的分界线。[21] 但科学远不是坚如磐石的集团。事实上,19 世纪给我们留下了双重遗产:诸如牛顿定律那样描述一个时间可逆宇宙的自然定律,以及与熵相关联的一种演化描述。

熵是热力学的一个重要组成部分,热力学是专门研究有时间方向的不可逆过程的一门学科。每个人在某种程度上都熟悉这些不可逆过程,像放射性衰变,或者是使流体的流动变慢的黏性。在时间可逆过程中,例如无摩擦摆的运动,未来和过去起着相同的作用(我们可以用未来的"$+t$"替换过去的"$-t$")。不可逆过程与可逆过程相反,它有一个时间方向。过去准备的一块放射性物质会在将来消失。由于黏性,液体的流动将会随时间变慢。

时间方向的原初作用在我们研究的宏观层次上,如化学反应或输运过程中,是很明显的。我们从会起反应的化学化合物开始,随着时间的推移,它们达到平衡,反应停止。与此相似,如果我们从一种不均匀的状态开始,扩散会将该系统引致均匀。太阳辐射就是不可逆核过程的结果。如果不考虑不计其数的决定天气和气候变化的不可逆过程,就不可能对生态圈进行描述。自然界既包括**时间可逆**过程,又包括**时间不可逆**过程。但公平地说,不可逆过程是常规,而可逆过程是例外。可逆过程对应于理想化:我们必须忽略摩擦以使摆可逆地摆动。此种理想化是成问题的,因为自然界中不存在绝对的虚空。如上所述,时间可逆过程由不因时间反演而改变的运动方程所描述,经典力学中的牛顿方程或量子力学中的薛定谔方程皆是如此。然而对不可逆过程而言,我们需要一个打破时间对称性的描述。

可逆过程和不可逆过程之间的差异,是通过与所谓热力学第二定律相联系的熵的概念引入的。早在 1865 年,熵就由克劳修斯(Rudolf Julius Clausius)所定义(熵在希腊文中就指"演化")。[22] 按照热力学第二定律,不可逆过程产生熵。相反,可逆过程使熵保持不变。

我们将反复回到这个第二定律上来。现在,我们先回忆一下克劳修斯著名的表述:"宇宙的能量守恒。宇宙的熵增加。"熵的增加为发生在宇宙中的不可逆过程所致。克劳修斯的陈述是第一个以不可逆过程的存在为基础的宇宙演化观点的表述。爱丁顿(Arthur Stanley Eddington)把熵称作"时间之矢"。[23] 但从物理学基本定律来看,却不应当存在任何不可逆过程。因此,我们看到,我们从 19 世纪继承了两个相互矛盾的自然观,即以动力学定律为基础的时间可逆观点和以熵为基础的演化观点。怎样调和这些矛盾的观点呢?过了这么多年,这个难题依然与我们同在。

对维也纳物理学家玻尔兹曼来说,19世纪是达尔文的世纪。达尔文在这个世纪把生命确立为一个永无终结的进化过程的结果,从而将演化置于我们对自然的认识的中心。然而,对大多数物理学家来说,玻尔兹曼的名字如今却与和达尔文的结论完全对立的结论联系在一起:玻尔兹曼被错怪为证明了不可逆性仅仅是一种错觉。玻尔兹曼的悲剧在于,试图在物理学中取得达尔文在生物学中取得的成就——却陷于绝境。

乍看起来,19世纪的这两个巨人所用方法的相似之处是很显著的。达尔文表明,如果我们从研究群体而不是从研究个体开始,就可以理解依赖于选择压力的个体易变性如何产生演变。对应地,玻尔兹曼认为,从个体的动力学轨道开始,我们就不能理解热力学第二定律及其所预言的熵的自发增加;我们必须从大的粒子群体开始。熵增是这些粒子间大量碰撞造成的全局演变。

1872年,玻尔兹曼发表了著名的 H 定理,它包括熵的一个微观类似物 H 函数。[24] H 定理说明每一个瞬间都会改变粒子速度的碰撞的结果。它表明,碰撞导致粒子群体的速度分布接近于平衡态(这被称为麦克斯韦—玻尔兹曼分布)。随着粒子群体趋近平衡态,玻尔兹曼的 H 函数减小,且在平衡态时达到其最小值,这个最小值意味着碰撞不再改变速度的分布。所以,对玻尔兹曼而言,粒子碰撞就是导致系统平衡的机理。

玻尔兹曼和达尔文都用对群体的研究取代了对"个体"的研究,并表明细微的变化(个体的易变性或微观的碰撞)在发生了一段长时间之后会在一个集体层次上产生进化。(在后面的章节里,我们还要回到群体的作用上来。)恰如生物进化不能在个体层次上加以定义,时间流也是一个全局的性质(参见第五、第六章)。但在达尔文力图解释新物种的出现时,玻尔兹曼描述了趋向于平衡和均匀的演化。意味深长的是,这两种理论的命运呈鲜明对照。达尔文的进化论顶住猛烈的攻击而获胜,它仍然是我们认识生命的基础。相反,玻尔兹曼对不可逆性的解释却屈服于对它的批评,玻尔兹曼逐渐被迫退缩了。他不能排除"反热力学"进化的可能性,这种进化是熵减少和非均匀性自发增加(而不是被抹平)的结果。

玻尔兹曼所面临的局面确实是激动人心的。他确信,为了认识自然,我们必须包括进化的特征,并且热力学第二定律所描述的不可逆性是迈向这一方向的关键一步。然而他又是动力学优良传统的继承人,对这个传统的认知阻碍了他赋予时间之矢一个微观意义。

从今天的有利观点来看,玻尔兹曼必须在他那物理学应当认识演化的信念和他对物理学传统的忠诚之间作出选择,这显得特别痛心。他的尝试以失败告终的事实在今天看来不言而喻。每个大学生都学过,轨道是时间可逆的,它允许未来和过去没有差别。正如庞加莱(Henri Poincaré)所述,靠时间可逆过程的轨道来解释不可逆性,虽然努力不计其数,但显然是一个纯粹的逻辑错误。[25] 假设我们将所有分子的速度符号都颠倒过来,系统将回到它自己的"过去"。即使熵在速度反演之前是增加的,现在它也将会减少。这就是洛施密特(Joseph Loschmidt)的速度反演佯谬,它是玻尔兹曼不能排除反热力学行为的原因。面对严厉的批评,玻尔兹曼用一个基于我们缺乏信息的**概率的**解释取代了他对热力学第二定律的微观解释。

在由大量的分子(10^{23}个或阿伏伽德罗常量数量级)形成的复杂系统中,如气体或液体,显然我们不能计算每一个分子的行为。因此,玻尔兹曼引入了一个假设,即此种系统的所有微观状态都具有相同的先验概率。差异与由温度、压强和其他参量所描述的宏观状态有关。玻尔兹曼用计算产生宏观状态的微观状态的数量来定义每一个宏观状态的概率。

玻尔兹曼可能让我们想象,例如,一个容器被分成彼此相通的两个相等的室,这个容器包含了数目众多的分子,设为 N 个。尽管我们不能跟踪每一个分子的轨迹,但通过测量一个宏观量,如每个室的压强,我们可以确定它所包含的分子数目。我们还可以设一个起点,即物理学家通常所称的"初态",这里,两个室中的一个几乎是空的,我们能预期观察到什么呢? 随着时间的推移,分子将向那个空室迁移。事实上,绝大多数所有可能的微观状态相当于那种每个室包含相同数目分子的宏观状况。这些状态就相当于平衡态,即两个室的压强相等。一旦达到了这种状态,分子将会继续从一个室迁移到另一个室,但平均来说,迁移到右室和迁移到左室的分子数将是相等的。撇开一些小的、短暂的涨落不谈,两个室中的分子数将随时间保持不变,平衡态将得以保持。不过,在这种论证中有一个根本的弱点,即自发的、长时期偏离平衡态并不是不可能的,正如玻尔兹曼所言,乃是"不大可能的"。

玻尔兹曼以概率为基础的解释,使我们观察的宏观特征成为我们观察到的不可逆性的原因。假如我们能够跟踪分子的个体运动,就会看到一个时间可逆的系统,这个系统中每个分子都遵从牛顿物理学定律。因为我们只能描述每个室中的分子的数目,所以,我们认为系统逐渐向平衡态演化。按照这种解释,不可逆性不是自然的基本法则,而仅仅是我们观察到的、近似的宏观特征的结果。

策梅洛(Ernst Zermelo)引证庞加莱复现定理对玻尔兹曼论证洛施密特反演佯谬提出了批评。[26] 这一定理指出,如果我们等待足够长的时间,就会观察到动力系统自发地回归我们希望接近初态的一种状态。物理学家斯莫卢霍夫斯基(Roman Smoluchowski)断言:"如果我们的观察延续不可计数长的时间,一切过程都将表现出是可逆的。"[27] 这直接适用于玻尔兹曼的二室模型。经过足够长的时间以后,初始时的空室又会变成空的。不可逆性仅仅相当于一种不具有任何根本性意义的表象。

我们现在回到第Ⅰ节中所讨论的情况。我们所以与宇宙的演化特征相关,是由于我们自己的近似,要使这样一种论证可信,使不可逆性成为我们的近似的结果,第一步就是把第二定律的结果视为无足轻重的和显而易见的。盖尔曼(Murray Gell-Mann)在他的近著《夸克和美洲豹》中写道:

> [对不可逆性的]解释是,将钉子和便士混合起来的方法比把它们分开的方法更多;将花生酱和果冻相互混杂在一起的方法比将它们完全分离的方法多得多;把氧气和氮气混合起来的方法比把它们分离开来的方法更多。推而广之,机遇在起作用,具有某种秩序的封闭系统将很可能向提供了如此之多概率的无序转变。如何计算这些概率呢?一个被精确描述的全封闭系统可以以很多状态存在,这些状态被称为微观态。在量子力学中,这些态被理解为系统可能的量子态。这些微观态按照**粗粒化**所区分的不同性质而分类(有时称为宏观态)。于是,给定宏观态中的微观态被看成是等价的,它们只在数目上起作用。……
>
> 熵与信息密切相关。事实上,熵可以被认为是无知的量度。当只知道系统处于一个给定的宏观态时,这个宏观态的熵表征其中微观态无知的程度,但要计算出附加的信息量就需要对其进行详细说明,将宏观态中的所有微观态都视为同样概然的。[28]

类似的论证可以在许多讨论时间之矢的书中找到。我们认为这些论证都是站不住脚的。它们暗示了,正是我们的无知,我们的粗粒化,导致了第二定律。对于一个消息灵通的观察者,如麦克斯韦所想象的"妖",这个世界表现得完全地时间可逆。我们似乎是时间之父、演化之父,而不是时间之子。无论我们实验的精度如何,不可逆性总是存在。这表明,那种把这些性质归因于不完备信息的观点不足为信。值得注意的是,普朗克(Max Planck)早就反对描述第二定律的不完备信息的观点。他在《论热力学》一书中写道:

> 第二定律的有效性以种种方式依赖于进行观测或实验的物理学家或化学家的技能,这种假设是荒唐的。第二定律的主旨与实验无关;这个定律简明指出,**自然界中存在一个量,它总是在所有自然过程中以同样方式变化**。这一普遍形式所述的观点可能正确,亦可能不正确;但无论它正确与否,它将依然如此,不管地球上是否存在思考和观测的生物,以及假定他们存在,亦不管他们是否能够以 1 位、2 位乃至 100 位小数点的精度测量物理或化学过程的细节。这个定律的局限(如果有的话),必定同它的基本思想一样,存在于相同的范畴之中,存在于受观测的自然,而不在于观测者。这个定律的演绎所要求的人的经验是无足轻重的;因为,事实上,它是我们获取自然法则知识的唯一途径。[29]

然而,普朗克的观点仍然是孤立的。我们讲过,大多数科学家都把第二定律看作近似的结果,或看作主体观点向物理世界的入侵。玻恩(Max Born)就在一句名言里断言,"不可逆性是无知介入物理学基本定律的后果"。[30]

我们认为,用传统方式表述的物理学定律描述了一个理想化的、稳定的世界,一个与我们所生活的动态的、演化的世界完全不同的世界。抛弃不可逆性平庸化的主要原因是,我们不再把时间之矢仅仅与无序增加相联系了。非平衡物理学和非平衡化学的最新进展就指向了相反的方向。它们明确表明,时间之矢是**秩序**的源泉。这在19世纪以来就已周知的诸如热扩散这样的简单实验中已经表现得很清楚了。我们来考察一个包含两个组分(氢气和氮气)的容器,加热容器的一端而冷却另一端(见图1.1)。当其中一个组分充满热的部分而另一个组分充满冷的部分时,系统演化到一个定态。不可逆的热流产生的熵导致建序过程,这种过程离开热流是不可能发生的。不可逆性既导致有序也导致无序。

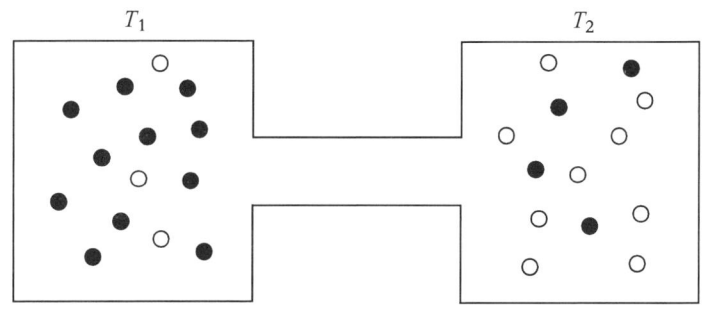

图 1.1 热扩散

作为两室温差的结果,左室中的黑色分子具有较高的浓度。这对应于热扩散。

不可逆性的这种建设性作用,在非平衡导致新形式的相干那种远离平衡的情况中甚至更为显著。(在第二章,我们要回到非平衡物理学。)现在我们知道,正是通过与时间之矢相联系的不可逆过程,自然才达到其优美和复杂之至的结构,生命只有在非平衡的宇宙中才有可能出现。非平衡导出了一些概念,这些概念我们将在第二章详细介绍,如自组织和耗散结构。在《从存在到演化》一书中,基于过去数十年非平

衡物理学和非平衡化学的显著发展,我们总结了以下的结论:

1. 不可逆过程(与时间之矢相关),像物理学基本定律描述的可逆过程一样真实,它们并非相当于加在基本定律上的近似。

2. 不可逆过程在自然中起着基本的建设性作用。[31]

这些概念对关于动力学系统的新潮思想有什么影响呢?玻尔兹曼十分清楚,在经典动力学中根本不存在不可逆性的类似物,于是,他断言,不可逆性只能从关于我们宇宙早期阶段的假定中导出。我们可以维持对动力学的通常表述,但必须用适当的初始条件来补充它们。在这种观点看来,原初宇宙是非常有组织的,从而处于一种不大可能的状态——这是一种许多近著中仍然接受的看法。[32] 我们宇宙中盛行的初始条件导致许多有意义的、基本上悬而未决的难题(见第八章),但我们认为玻尔兹曼的论证不再站得住脚了。不管过去如何,目前存在着两类过程:现有动力学的应用已证明很成功的时间可逆过程(亦即在经典力学中月球的运动或在量子力学中氢原子的运动),以及过去和未来之间存在不对称性的不可逆过程(如加热情形)。我们的目标是,提出一种新的物理学表述,它可以独立于任何宇宙学考虑之外来解释这些性态之间的差异。对于不稳定系统和热力学系统,这确实可以做到。我们可以克服时间可逆动力学定律与以熵为基础的自然演化观之间表面上的矛盾。但我们不要超越我们自己。

大约200年前,拉格朗日(Joseph-Louis Lagrange)以牛顿定律为基础把分析力学描述为数学的一个分支,[33] 在法国科学文献中,它常被称作"理性力学"。在这种意义上,牛顿定律确定了理性的定律并代表一种绝对普遍性真理。自从有了量子力学和相对论,我们开始知道这并不是那么回事。现在,将类似的绝对真理地位赋予量子理论的诱惑又很强烈。在《夸克和美洲豹》一书中,盖尔曼断言,"量子力学不仅仅是一个理论,它更是所有当代物理学都必须适合的框架"。[34] 真的是这样吗？我已故的朋友罗森菲尔德(Léon Rosenfeld)指出：“每一个理论都是以通过数学的理想化所表达的物理概念为基础的，它们被引进用以给出对物理现象的恰当描述。**如果不知道其有效范围，没有一个物理概念是被充分定义的。**”[35]

我们将要描述的，正是物理学基本概念，诸如经典力学中的轨道或量子理论中的波函数，所需的这一"有效范围"。这些界限与我们将在下一节中简要介绍的不稳定性和混沌概念是相关的。一旦我们包括了这些概念，就得到了自然法则的新表述。这个法则不再建立于确定性定律情形下的确定性，而是建立于**概率**之上。而且，在这种概率表述中，时间的对称性被打破了。宇宙的演化特性必然在物理学基本定律之中得到反映。记住怀特海所叙述的，关于自然可理解性的思想（见第Ⅰ节）：我们经验中的每一个要素都必须被包括在一个由普遍概念组成的连贯系统中。以这种自然法则的重新表述为基础，我们现在就可以完成玻尔兹曼在一个多世纪前所开拓的工作。

值得注意的是，许多大数学家，如波莱尔(Emile Borel)，也明白有必要克服决定论。波莱尔指出，对孤立系统（如月球—地球系统）的考察总是理想化做法，只要我们离开这一还原论观点，决定论就会垮台。[36] 这正是我们的研究所要显示的。

Ⅲ

每个人在一定程度上都熟悉稳定系统和不稳定系统的区别。例如，考虑一个摆，假设它最初处在平衡态，此时它的势能最小。若小小的扰动之后它返回平衡态（参见图1.2），这系统表示一个**稳定**平衡态。相反，若我们把一支铅笔用头部立起来，则最小的扰动都会使它倒下，这给我们一个**不稳定**平衡态的模型。

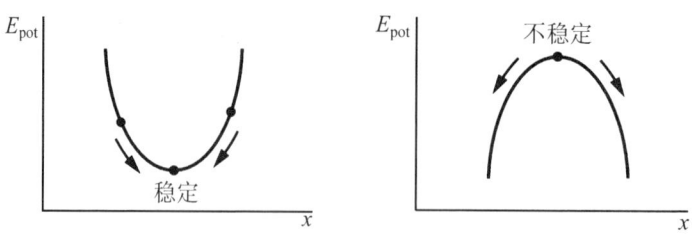

图1.2 稳定平衡和不稳定平衡

在稳定运动和不稳定运动之间有一个基本的差别。简言之，稳定动力学系统是初始条件的小变化产生相应小影响的系统；但对一大类动力学系统来说，初始条件的小扰动会随时间被放大。混沌系统是不稳定运动的极端例子，因为不同初始条件确认的轨道，不管多么接近，都会随时间推移指数地发散。这就叫"对初始条件的敏感性"。一个通过混沌而放大的经典例证是"蝴蝶效应"：蝴蝶在亚马孙流域扇动它的翅膀就可能影响到美国的天气。我们在后面还会看到混沌系统的一些例子（参见第三章和第四章）。

确定性混沌这一术语也已进入混沌系统的讨论。如牛顿动力学中的情形所示，运动方程确实是确定性的，即使某个特定的结局是貌似随机的。不稳定性这一重要角色的发现，导致了以前被当作一个封闭学科的经典动力学的复苏。事实上，直到最近，牛顿定律所描述的所有系统都被认为是相似的。当然，众所周知，下落石头的轨道问题比"三体问题"，如太阳、地球和木星的环绕问题，要容易解决得多。然而这一问题更多地被认为是一个单纯的计算问题。到19世纪末，庞加莱才表明事实并非如此。问题取决于动力学系统是否稳定而有根本的差异。

我们提到了混沌系统，但还有其他类型的不稳定性有待考察。让我们首先用定性的术语，在不稳定性导致动力学定律范围扩展的意义上进行描述。在经典动力学中,初始条件由位置 q 和速度 v(或者动量 p)确定。* 一旦这些量已知,我们就可以用牛顿定律(或任何其他的动力学等效表述)来确定轨道。我们可以在坐标和动量所形成的空间中用点 (q_0, p_0) 表示动力学状态,这就是**相空间**(图 1.3)。除了考虑单个系统,我们也可以考虑一簇系统——"系综",它自 20 世纪初爱因斯坦和吉布斯(Josiah Willard Gibbs)的先驱性工作以来被如是称呼。

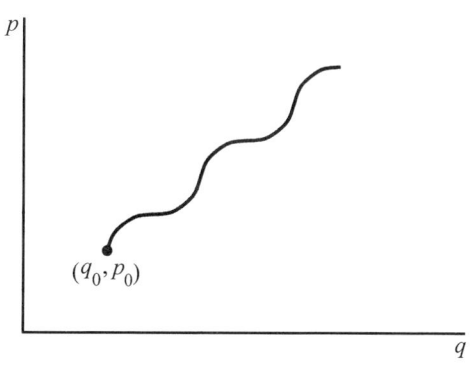

图 1.3　相空间中的轨道

由相空间 (q, p) 中的点所表示的动力学态。时间演化由始于初始点 (q_0, p_0) 的轨道所描述。

在这里,复述一下吉布斯的《统计力学基本原理》一书著名前言中的部分内容是有益的:

> 我们可以想象许多性质相同的系统,这些系统在给定时刻的构造和速度不同,不仅仅是细微的不同,而且它所以不同乃是为了包含每一种可想象的构造和速度组合。我们在此提

---

* 为简便起见,甚至我们考虑的系统由多个粒子组成时,我们仍使用一个字母。

出问题,不是通过相继的构造跟踪一个特定系统,而是确定整个系统在任何给定时刻如何分布于各种可信的构造和速度之中,其时分布已形成了一段时间。……

经验上确定的热力学定律表达大量粒子系统的**近似的**、**可能的**行为,或更准确地说,它们把此种系统的力学定律表达为好似多个人,这些人没有本事把握与单个粒子相关的数量级的量,他们也不能足够多地重复其实验,以获得哪怕是最可能的结果。[37]

吉布斯通过系综方法把群体动力学引入了物理学。系综由相空间中的点"云"来描述(参见图1.4)。这种点云由一个有简单物理解释的函数 $\rho(q, p, t)$ 来描述:即在时刻 t,在一个围绕着点 (q, p) 的相空间小区域内找到一个点的**概率**。轨道对应于一种特殊情形,其中函数 ρ 除在点 (q_0, p_0) 以外处处都为零,这种状况由 ρ 的一个特殊形式来描述。那些除了在一个点外,在其他各处都为零的函数叫做狄拉克函数 $\delta(x)$。函数 $\delta(x-x_0)$ 对所有 $x \neq x_0$ 的点都为零。因此,对零时刻的单个轨道来

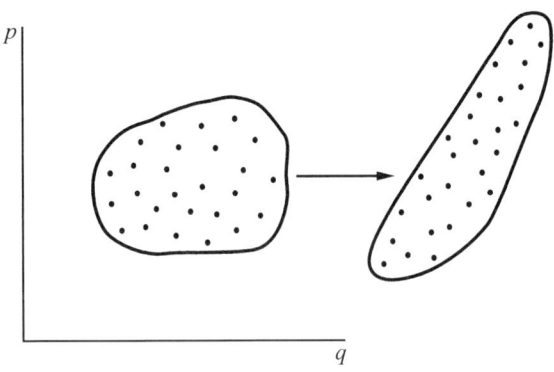

图1.4 相空间中的系综

由具有不同初始条件的点云表示的吉布斯系综。点云的形状随时间而改变。

说,分布函数 ρ 的形式是 $\rho = \delta(q - q_0)\delta(p - p_0)$。* 以后我们还会回到 $\delta(x)$ 函数的特性上来。

但是如吉布斯所清楚阐述的,当得不到精确的初始条件时,系综的方法不过是一个方便的计算工具而已。在他们看来,概率表达的是无知,是信息不足。甚至从动力学观点来看,对个体轨道和概率分布的讨论总是被认为是等价的问题。我们可以从个体轨道出发,然后推出概率函数的演化,反之亦然。概率 ρ 只是对应于轨道的叠加,并不导出任何新的特性。这两个描述层次,"**个体**"层次(对应于单个轨道)和"**统计**"层次(对应于系综)是等价的。

真的总是如此吗?这对我们不期待任何不可逆性的简单稳定系统来说的确是如此。吉布斯和爱因斯坦是对的,个体观点(就轨道而言)和统计观点(就概率而言)是等价的。这很容易证实,我们将在第五章回到这一点上来。不过,这对不稳定系统来说也是对的吗?在分子水平上涉及不可逆过程的所有理论,如玻尔兹曼的动理学理论,这些理论都涉及概率而不涉及轨道,又会怎样呢?这又是因为我们的近似、我们的粗粒化吗?那我们如何解释动理学理论对稀薄气体诸如热导率和扩散等许多性质定量预言的成功,所有这些都被实验所证实呢?

庞加莱对动理学理论的成功倍加赞许,他写道:"也许气体动理学理论会作为一种模型使用……物理学定律将有一种全新的形式,它们将具有**统计的特征**。"[38] 这确实是先知之言。玻尔兹曼引进概率作为经

---

* 我们取 $x = x_0$ 时,函数 $\delta(x - x_0)$ 向无穷大发散。所以,与连续函数 x 或 $\sin x$ 相比,δ 函数具有"反常的"特性。它被称为**广义函数**或广义分布(不要与概率分布 ρ 相混淆)。广义函数往往与检验函数 $\phi(x)$ 一同使用,检验函数亦是连续函数 $[$即 $\int \mathrm{d}x \phi(x)\delta(x - x_0) = \phi(x_0)]$。还应注意,在时刻 t,对于以速度 $\frac{p_0}{m}$ 运动的自由粒子,我们有概率 $\rho = \delta(p - p_0)\delta(q - q_0 - \frac{p_0 t}{m})$,因为动量保持不变,坐标随时间呈线性变化。

验工具,这是特别大胆的一步。100多年以后的现在,我们开始理解,概率概念在我们从动力学走向热力学时如何形成。不稳定性破坏了描述的个体层次与统计层次的等价性,于是概率获得了一个内在的动力学意义。这一认识导出了一种新型物理学,即本书的主题——群体物理学。

要解释我们说的是什么含义,考虑一个简化的混沌例子。假设在如图1.4所示的相空间内,我们有两种记为+或-的运动(亦即运动"上"或"下"),这样我们就有两种用图1.5和图1.6表示的情形。在图1.5中,相空间里有两个不同的区域,一个对应于运动-,另一个对应于运动+。若我们不管靠近边界的区域,则每一个-被-包围,每一个+被+包围,这对应于稳定系统。初始条件的小变化不改变结果。

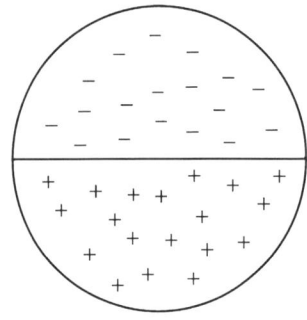
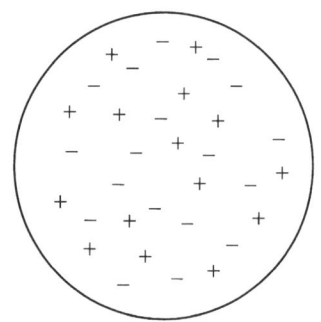

图1.5 稳定动力学系统　　图1.6 不稳定动力学系统
由-或+标记的运动分布在相空间的不　　每一个运动+由运动-包围,反之亦然。
同区域。

相反,在图1.6中,每一个+被-包围,反之亦然。初始条件的微小变化被放大,故这个系统是不稳定的。这种不稳定性的一个首要结果是,现在轨道变得**理想化**了。我们不再能准备单一轨道,因为这意味着无限的精度。对稳定系统而言,这没有什么意义,但对于具有对初始条件敏感性的不稳定系统,我们只能给出包括多种运动形式的概率分布。

这种困难仅仅是一个操作困难吗?是的,如果我们考虑轨道现在变成不可计算的话。但还有更多的难题:概率分布允许我们在动力学描述的框架内把相空间复杂的微观结构包括进去。因此,它包含**附加的**信息,此种信息在个体轨道的层次上不存在。我们将在第四章看到,这具有根本性的结论。在分布函数 ρ 的层次上,我们得到一个新的动力学描述,它允许我们预言包含特征时间尺度的系综的未来演化,这在个体轨道层次上是不可能的。个体层次与统计层次间的等价性实实在在地被打破了。对于**不可约**概率分布 ρ,我们得到新的解,因为它们不适用于单个轨道。混沌定律不得不在统计层次上进行表述,这就是我们在前面一节中谈到不能以轨道来表达的动力学的推广的含义。因而也就引出了一种我们在过去从未遇到过的情形。初始条件不再是相空间中的点,而是由 ρ 在初始时刻 $t = 0$ 时所描述的某个区域。因此,我们有一个**非局域**描述。轨道依然存在,但它们是随机的概率过程的结果。不论如何精确地配合我们的初始条件,我们都得到不同的轨道。而且,我们将看到,时间对称性被打破了,因为过去和未来在统计表述中扮演着不同的角色。当然,对稳定系统而言,我们通过确定性轨道回到通常的描述。

为什么要把那么多时间花在给自然法则一个包括不可逆性和概率的推广上?其中的一个原因是思想意识原因——意欲在我们对自然的描述中实现一个准神灵的观点。然而,这里仍然存在一个专门的数学难题。我们的工作基于一个在最近几十年才达到前沿的数学领域——泛函分析——的新进展。我们将看到,我们的表述需要一个扩展的泛函空间。这个新的数学领域目前在认识自然法则中扮演着十分重要的角色,它使用被芒德布罗(Benoît Mandelbrot)称为分形的广义函数。[39]我们需要一种"神灵"观点来保留确定论思想。但没有任何人的测量，没有任何理论预言能以无限精度提供给我们初始条件。

考虑拉普拉斯妖在确定性混沌的世界里变成什么，是有意义的。除非他以无限精度知道初始条件，否则他不再能预测未来。只有那样，它才能继续使用轨道描述。但有一种更强大的不稳定性，**无论初始描述的精度如何**，它都会使轨道破坏。这种形式的不稳定性极其重要，因为它既适用于经典力学又适用于量子力学。

我们的故事确实始于19世纪末庞加莱的工作。按照庞加莱，动力学系统由其粒子的动能加上粒子相互作用产生的势能来描述。[40] 一个简单的例子是自由的无相互作用的粒子。在这里没有势能，而且轨道的计算是平凡的，这样的系统被定义为可积的。庞加莱问，是不是所有的系统都可积？我们能否选择适当的变量来消去势能？通过显示这通常是不可能的，他证明了动力学系统基本上都是**不可积的**。

在此有必要稍加停顿，仔细思考一下庞加莱的结论。假设庞加莱证明所有的动力学系统都是可积的，这将意味着所有的动力学运动与自由无相互作用粒子是同构的。这将没有时间之矢的立足之地，因而也就没有自组织和生命本身的立足之地。可积系统描述的是一个静态的、确定性的世界。庞加莱不仅证实了不可积性，而且指明了造成不可积性的原因，即**自由度之间共振的存在**。我们将在第五章更详细地看到，每一种运动形式都对应于一个频率，这方面最简单的例子是给定质点和中心点的谐振子。质点受到的力与它离开中心点的距离成正比，如果我们将质点从中心拉开，它会以一个确定的频率振动。正是通过这些频率，我们得到**共振**这个对庞加莱定理十分重要的概念。

我们都多多少少熟悉共振的概念，当我们迫使弹簧离开其平衡位置，它将以一个特征频率振动。现在给弹簧施加一个外力，这一外力具有可变的频率。当弹簧的频率与外力的频率二者有一个简单的数字比率（即其中一个频率是另一个频率的数倍）时，弹簧的振幅将急剧加大。

当我们在一件乐器上演奏一个音符时会发生同样的现象,我们会听见谐音,共振"耦合"声音。

现在考虑由两个频率所刻画的系统。根据定义,只要 $n_1\omega_1 + n_2\omega_2 = 0$,其中 n_1 和 n_2 都是非零整数,我们就得到了共振。这表明 $\dfrac{\omega_1}{\omega_2} = -\dfrac{n_2}{n_1}$,即频率之比为有理数。庞加莱已表明,共振在动力学中带来具有"危险的"分母 $\dfrac{1}{n_1\omega_1 + n_2\omega_2}$ 的项,只要有共振(即相空间中的点满足 $n_1\omega_1 + n_2\omega_2 = 0$),这些项就会发散。其结果是,我们计算轨道时会碰到障碍。

这就是庞加莱不可积性的来源。18 世纪的天文学家就已知道"小分母问题",但庞加莱定理表明,这一困难是绝大多数动力学系统所共有的。庞加莱将其称为"动力学的普遍问题"。然而,在相当长的时期里,庞加莱结果的重要性被忽视了。

玻恩写道:"如果自然界以多体问题的解析困难为后盾,使自己强大起来以抵御知识进步,是十分不同寻常的。"[41] 很难相信一种技术上的困难(由于共振而导致的发散)能改变动力学的概念结构。我们现在从一个不同的角度来看这一问题。对我们来讲,庞加莱的发散是一个良机。事实上,我们现在可以超出庞加莱的消极陈述,并表明不可积性和混沌一样为动力学定律的新**统计**表述铺平了道路。由于科尔莫戈罗夫(Andrei N. Kolmogorov)及随后阿诺德(Vladimir Igorevich Arnold)、莫泽(Jürgen Kurt Moser)的工作(所谓 KAM 理论),人们终于理解了不可积性,这在庞加莱之后又花了 60 年的时间。不可积性不是玻恩所言自然界抵制知识进步的令人沮丧的表现,而是动力学的新起点。[42]

KAM 理论处理共振对轨道的影响。频率 ω 通常依赖于动变量如坐标和动量的值,它们在相空间不同点的取值不同。其结果是,有些点由共振来刻画,而另一些点则不然。对于混沌来讲,这又将使其相空间达到特别复杂的程度。按照 KAM 理论,我们观察到两类轨道:"正经的"确定性的轨道,以及与共振相关联的、在相空间无规律地漫游的"散漫的"轨道。

这一理论的另一个重要结果是,当我们增加能量值时,随机性占据的区域会随之扩大。对于某个临界能量值,会出现**混沌**:随着时间的推移,我们看到相邻轨道呈指数发散。而且,对于充分发展的混沌来说,由轨道产生的点云会导致扩散,但扩散与我们**将来**达到均匀性的方法相关联。它是一个产生熵的不可逆过程(见第Ⅰ节)。虽然我们从经典动力学出发,我们现在却观察到时间对称性的破缺。这如何可能,正是我们为了克服时间佯谬而必须解决的主要问题。

庞加莱共振在物理学中扮演着基本角色。光的发射或吸收是共振所致,因为它是使相互作用的粒子系统达到平衡的途径。相互作用的场也导致共振。事实上,很难在经典物理学或量子物理学中找到一个共振在其中没有扮演显著角色的重要问题。但是,我们如何克服与共振相关联的发散呢?对此已取得了一些重要进展。如在第Ⅲ节中,我们必须区分个体层次(轨道)和统计层次(由概率分布 ρ 描述的系综)。在个体层次上我们有发散,但这些发散在统计层次上可以得到解决(参见第五、第六章),共振在统计层次上产生与共鸣导致的伴声大致类似的事件耦合。其重要特点是,出现了**与轨道描述不相容的**、新的非牛顿项。这并不奇怪。共振不是局域事件,因为它们并非在给定地点或给定时刻发生。共振蕴涵着非局域描述,所以不能包含在与牛顿动力学相关联的轨道描述之中。我们将要看到,共振导致了**扩散**运动。当我们从相空间的一个点 P_0 出发,我们不再能肯定地预言经过一段时间 τ 之后其新位置 P_τ。简言之,初始点 P_0 以明确的概率产生许多可能的点 P_1, P_2, P_3。

在图 1.7 里，区域 D 中的每个点有一个在时刻 τ 出现的非零概率或明确的转移概率。这种情况类似于"无规行走"或"布朗运动"的情形。在最简单的情况里，这一条件可以用粒子在一维点阵中的运动来说明，点阵以规则的时间间隔作一步转移（参见图 1.8）。

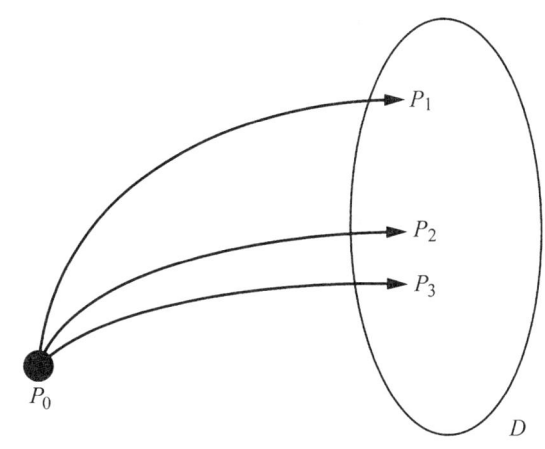

图 1.7　扩散运动

在时间 t 后，系统可能处于区域 D 中的任意点，如 P_1，P_2，P_3。

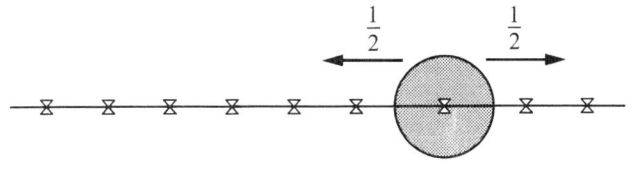

图 1.8　无规行走

一维格子中的布朗运动。每一步，质点向左和向右的概率都是 $\frac{1}{2}$。

在每一步，质点往左去和往右去的概率均为 1/2。在每一步，未来都是不确定的。从一开始，就不可能谈到轨道。从数学上来讲，布朗运动由扩散型方程［又称为福克尔-普朗克（Fokker-Planck）方程］描述。扩散是有时间方向的。如果我们从位于同一源的点云出发，随着时间的推移,这个点云将分散,一些粒子出现在远离源头的地方,另一些则出现在离源头较近的地方。令人瞩目的是,从经典动力学出发,共振精确地导出了扩散项,也就是说,共振甚至在经典力学框架中引入了不确定性,并打破了时间对称性。

对于可积系统而言,当这些扩散因素不存在时,我们就会回到轨道描述,但是总体上,动力学定律必须在概率分布层次上进行表述。因而,基本问题是:在什么情况下,我们可以预期成为可观察量的扩散项?当做到这一点时,概率即变成自然的基本属性。这是有关确定牛顿动力学有效范围的问题(或有关我们下一节将要考虑的量子理论的有效范围问题),它不啻是一次观念上的革命。几个世纪以来,轨道被看作经典物理学基本的、原始的客体。相反,我们现在则把轨道看作共振系统的有效范围,在第五章我们将回到这个问题上来,在第六章针对量子力学讨论一个平行的问题。然而,此时我们先给出一些暂时的回答。对于**瞬时**相互作用(一束粒子与障碍物碰撞并逸出),扩散项可以被忽略;但对于**持续**相互作用(一束稳定的粒子流落在障碍物上),扩散项就起支配作用了。在计算机模拟时,如同在真实世界中一样,我们可以再现这两种情况,因而可以检验我们的预言。结果毫不含糊地表明,对持续相互作用出现扩散项,这意味着牛顿力学描述以及正统的量子力学描述的失败。在这两种情况下,与在确定性混沌中一样,我们都得到"不可约的"概率描述。

但还有另一个更值得注意的情况。宏观系统通常用**热力学极限**来定义,按照热力学极限,无论粒子数 N 还是体积 V 都变大。我们将在第五章和第六章研究这一极限。在与这一极限相联系的现象的观测中,物质的新属性变得显而易见。

如果我们仅仅考虑少量粒子,就不能说它们是否形成液体或气体。物质的状态和相变最终由热力学极限所定义。相变的存在表明,当我们采取还原论者态度时必须谨慎行事。相变对应于突现属性,它们在单个粒子的层次上毫无意义,只有在群体层次才有意义。这种争论在某种程度上与基于庞加莱共振的争论类似。持续相互作用意味着我们不能将系统的一部分取出来孤立地加以考虑。正是在这种全局层次,在群体层次上,过去和未来之间的对称性被打破了,科学可以承认时间流。这解决了一个长期存在的难题。实际上,在宏观物理学中,不可逆性和概率是最明显不过的。

热力学适用于不可积系统。这意味着,我们不能用轨道来解决动力学难题,但我们能用概率解决它。因此,如同确定性混沌情形那样,经典力学的新统计表述使数学框架得以拓展。这在某种程度上,不由得让我们回想起广义相对论。像爱因斯坦所表明的那样,为了包含引力,我们必须从欧几里得几何转向黎曼几何。在泛函分析中,所谓希尔伯特空间扮演着特殊的角色,它将欧几里得几何扩展到包含无穷维数"函数空间"。传统上,量子力学和统计力学都应用了希尔伯特空间。为了得到对不稳定系统和热力学极限有效的新表述,我们必须从希尔伯特空间转向更普遍的泛函空间。这一观点将在第四到第六章中详加解释。

自20世纪初以来,我们已经习惯于在我们面对微观客体,如原子和基本粒子时,或者当我们处理天体物理维度时,产生经典力学有待扩展的想法。出乎意料的是,不稳定性同样要求扩展经典力学。我们现在将转入探讨的量子力学中有十分类似的情形:共振所致的不稳定性在改变量子理论的表述中同样扮演着一种基本角色。

IV

在量子力学中,我们碰到了一个很奇怪的情况。众所周知,这一理论在它的所有预言方面都取得了引人注目的成功。然而,量子力学的表述完成已有60多年的历史,但有关其含义和范围的讨论依然热烈如初,这在科学史中是很独特的。[43] 尽管它取得了许多成功,很多物理学家仍有一种不安的感觉,费恩曼(Richard Feynman)就一度认为无人真正"理解"量子理论。

在这里,基本量是波函数 Ψ,它在某种程度上起着轨道在经典力学中所起的作用。实际上,量子理论的基本方程(薛定谔方程)描述波函数的时间演化。它将给定初始时刻 t_0 的波函数 $\Psi(t_0)$ 转换为 t 时刻的波函数 $\Psi(t)$,这就如同在经典力学中,轨道从一个相点导出另一个相点。

和牛顿方程一样,薛定谔方程是确定性的,且是时间可逆的。再次如同在经典动力学中一样,在量子力学的动力学描述和与熵相关联的演化描述之间存在着一条鸿沟。波函数 Ψ 的物理解释是它对应着**概率幅**。这表明 $|\Psi|^2 = \Psi\Psi^*$(Ψ 既有实部也有虚部,Ψ^* 是 Ψ 的复共轭)是概率,我们再次用 ρ 来标记。还存在更普遍的概率形式,它对应于通过各种波函数的叠加而得到的系综。与从单个波函数得到的纯粹情形相对,它们被称为混合情形。

量子理论的基本假设是:正如经典力学中的每一个动力学问题通常与轨道动力学相联系一样,每一个动力学问题可以在概率幅层次上加以解决。但奇怪的是,为了把明确定义的属性赋给物质,我们不得不超出概率幅,我们需要概率本身。为了理解这一困难,我们考虑一个简单的例子。假设能量可以取两个值 E_1 和 E_2,相应的波函数为 u_1 和 u_2。现在考虑线性叠加 $\Psi = c_1 u_1 + c_2 u_2$。这样,波函数在两个层次上"参与",系统既不在层次1也不在层次2,而是处于一种居间态。我们现在测量与 Ψ 相关的能量。按照量子力学,我们得到与概率幅的平方 $|c_1|^2$ 和 $|c_2|^2$ 给出的概率相联系的 E_1 或 E_2。

我们最初从单个波函数 Ψ 开始,但却仍然以两个波函数 u_1 和 u_2 的混合物结束,这通常称为波函数的"归约"或"坍缩"。我们必须从由波函数 Ψ 所描述的**潜在性**转向我们可以测量的**实在性**。在量子理论的传统语言中,我们是从纯粹状态(波函数)转向系综,即混合物。但这如何可能呢?如前所述,薛定谔方程将一个波函数变换为另一个波函数,而不是变换为系综,这一直被称为**量子佯谬**。有人认为,从潜在性向实在性的转变是我们的测量造成的。这是本章第 I 节所引述的温伯格的一段话以及相当多的教科书中所表达的观点,它是与经典力学中的时间佯谬提供的解释同样类型的解释。亦是在那种情形里,很难理解人的行为,譬如观察,怎么就能造成从潜在性向实在性的转变。倘若没有人类的存在,宇宙的演化会不一样吗?戴维斯(Paul C. Davies)在《新物理学》一书的导论中写道:

> 最低限度,量子力学提供了一个非常成功的方法来预言对微观系统的观察结果,但当我们问在进行观察时实际会发生什么,我们得到一派胡言!打破这一佯谬,所做的努力既有埃弗里特(Hugh Everett)的离奇的多世界解释,也有冯·诺伊曼(John von Neumann)和维格纳(Eugene Wigner)乞灵于观察者意识的神秘思想。经过半个世纪的争论,这一量子观测争论仍旧热烈如初。关于至小和至大的物理学问题是难以克服的,但这一前沿——意识和物质的界面——可能会成为"新物理学"最富挑战性的遗产。[44]

这个"意识和物质的界面"也处于时间佯谬的核心。如果仅仅由于我们人的意识干预了一个由时间对称定律支配的世界,时间之矢才存在,那么知识的获取就会因为**任何测量本身已蕴涵着一个不可逆过程**而变得自相矛盾。如果我们想了解关于一个时间可逆的客体的任何知识,无论是在仪器水平还是在我们自己的感官机理水平,**我们都无法回避测量的不可逆过程**。因此,在经典物理学中,当我们问道,如何依靠基本的时间可逆定律去理解"观察",正如戴维斯所说的那样,我们得到"一派胡言"。但是在经典物理学中,不可逆性的这种入侵却被看作一个次要问题。经典动力学的巨大成功对其客观属性来说是毋庸置疑的,但量子理论中的情况则截然不同。在此,量子理论的结构明确表明,在我们对自然的基本描述中必须包含测量。因此,看来我们拥有一个不可约的二元性:一方面,是时间可逆的薛定谔方程;另一方面则是波函数的坍缩。

大物理学家泡利(Wolfgang Pauli)一再强调量子力学的这种二元性。他在1947年给菲尔(Markus Fierz)的一封信中写道:"有一些事情只在作出观察时才真正发生,并与……熵的必然增加相关。在多次观察间隙,则什么也不会发生。"[45] 然而,不管我们是否观察它,我们书写用的纸照样老化发黄。

这一佯谬如何解决? 在戴维斯提到的极端立场之外,还提出过许多方案,例如玻尔(Niels Bohr)的"哥本哈根诠释"。* 玻尔主张,必须用经典态度对待测量仪器。正是我们这些属于宏观世界的人需要一个中间人与微观世界联系,恰如在一些宗教中,我们需要神职人员或萨满教僧与**彼岸**世界进行交流一样。

但这并不解决问题,因为哥本哈根诠释未开出任何我们可以用作测量仪器来刻画物理系统的药方。玻尔回避了基本问题:何种动力学过程造成波函数的坍缩。玻尔最亲密的合作者罗森菲尔德清醒地意识到了哥本哈根诠释的局限。他认为,这一诠释仅仅是第一步,下一步应给测量仪器的作用一个动力学解释。他的坚强信念使一些文章与我们

---

* 我们极力推荐雷的书《量子物理学》和戴维斯编的《新物理学》一书中希莫尼(A. Shimony)的文章《量子力学的概念基础》。

自己的研究小组一样参与我们目前的探索之中。[46]

另一些物理学家提出,将测量仪器与某种"宏观"仪器视为等同。在他们看来,宏观仪器的概念与近似联系在一起。出于实际的原因,我们不能测量宏观仪器的量子属性。更有甚者,还经常有人提出,我们应该把仪器看作一个与整个世界联系在一起的"开放的"量子系统。[47] 来自环境的偶然扰动和涨落使我们能够完成测量。但"环境"指什么?谁在客体与其环境之间作出区分?这一区分仅仅是冯·诺伊曼方案的一个修订版,这一方案认为,通过我们的行为和观察,正是我们产生了波函数的坍缩。

贝尔(John Bell)在他的杰作《量子力学中之可言说与不可言说》中强调了消除与观察者相联系的主观因素的必要性,[48] 这也是盖尔曼和哈特尔(James B. Hartle)最近工作的一个重点。他们认为,诉诸于与宇宙学相关联的观察者甚至更令人费解。[49] 是谁在测量宇宙?对这一方法的详细讨论已超出了本书范围,然而,简要介绍他们的最新成果是妥当的。

盖尔曼等人给宇宙的量子力学史引入一种粗粒描述,这种描述把量子力学的结构从概率幅理论转换到概率本身理论。作为实例,我们再次考虑由波函数 u_1 和 u_2 叠加得到的波函数 $\Psi = c_1 u_1 + c_2 u_2$。为简便起见,假设 Ψ 是实数,取平方,我们得到 $\Psi^2 = c_1^2 u_1^2 + c_2^2 u_2^2 + 2 c_1 c_2 u_1 u_2$。假设我们可以忽略称为"干涉项"的双积,那么量子理论的一切奥秘都消失了。概率 Ψ^2 是概率的简单加和。不再有必要谈论从潜在性向实在性的转变了,我们可以直接与概率打交道。但这又如何可能呢?干涉项在量子理论的许多应用中扮演着核心角色。然而,压制干涉项正是盖尔曼和他的同事所提议的。为什么在一些情况下我们需要包括干涉项的精确的细粒量子描述,而在另一些情况下又需要压制干涉项的粗粒描述?谁真正来进行粗粒化呢?用**近似**来讨论解决基本问题合理吗？这又如何与我们在第Ⅱ节引用过的盖尔曼自己的说法，量子力学是所有理论都必须适合的框架的说法相一致呢？

然而，这个领域另有一些人指望，通过以一种现代形式重新引入伊壁鸠鲁倾向来解决这一量子力学难题。事实上，吉拉尔迪（Giancarlo Ghirardi）、里米尼（Emanuele Rimini）和韦伯（Tullio Weber）提出，在某个时刻，出于某种未知的原因，会出现波函数的自发坍缩。[50] 机遇概念在这里进入讨论，但没有作为解围之神（*deus ex machina*）的任何进一步的正当理由。这一新倾向为什么适用于某些情况而不适用于其他一些情况呢？

所有这些阐明量子理论概念基础的尝试特别使人不满的是，它们没有作出任何可以实际检验的新预言。

我们自己的结论与这一领域中的其他许多专家，如美国的希莫尼（Abner Shimony）和法国的德斯帕格纳特（Bernard d'Espagnat）的结论不谋而合。[51] 在他们看来，必须作出一些根本的革新，这些革新将保留量子力学所有的成就，但应消除与量子理论二元结构相关联的困难。请注意测量难题不是孤立的。正如罗森菲尔德强调的那样，测量与不可逆性相联系。但是在量子力学中，不管它们是否与测量联系在一起，都没有不可逆过程的位置。冯·诺伊曼、泡利和菲尔在几十年前就已确立，（在遍历理论的框架里）难以将不可逆性引入量子理论。[52] 像在经典力学中那样，他们力图通过粗粒化来解决这个难题，但他们的努力不成功。这可能是冯·诺伊曼最终采纳二元表述的原因：一边是薛定谔方程，另一边是波函数坍缩。[53] 只要坍缩不用动力学术语来描述，这就无法令人满意。这就是我们自己理论所取得的成就。不稳定性再次扮演着核心角色。然而，受指数发散轨道影响的确定性混沌在此不适用，在量子力学中，没有什么轨道。因此，我们必须通过庞加莱共振来考察不稳定性。

我们可以把庞加莱共振结合进统计描述,并用波函数导出在量子力学范围之外的扩散项。统计描述再次基于概率 ρ(在量子力学中也称为密度矩阵,参见第六章)的层次上,不再基于波函数之上。通过庞加莱共振,我们不依靠任何非动力学假设,就实现从概率幅向概率本身的转变。

如同在经典动力学中一样,基本问题是:这些扩散项何时是可观察量?传统的量子理论的局限性是什么?回答与经典动力学中的回答相似(参见第Ⅲ节)。简单说来,就是在**持续**相互作用中,扩散项成为支配项(参见第七章)。像在经典力学中一样,这个预言已通过数值模拟得到了证实。只有超出还原论描述,我们才能给出一个量子理论的实在论诠释。波函数并没有坍缩,因为动力学定律现在在密度矩阵 ρ 的层次上,而不是在波函数 Ψ 的层次上。而且,观察者不再充当任何特别角色,测量仪器必须提供一个破缺的时间对称性。对于这些系统,有一个优先的时间方向,正如在我们对自然的感知中有一个优先的时间方向一样。这个**共同的**时间之矢正是我们与物理世界交流的必要条件,它亦是我们与我们的后来人交流的基础。

因此,不稳定性不仅在经典力学而且在量子力学中都充当着核心角色,并且严格说来,它迫使我们扩展经典力学和量子力学的范围。这么做的时候,我们必须离开简单可积系统的领域。由于这一难题在过去几十年中争论得异常热烈,所以得出一个统一的量子理论的表述的可能性特别激动人心,但是扩展经典理论的必要性更显得出乎意料。我们认识到,这意味着与回溯到伽利略和牛顿所构想的西方科学基础的理性传统决裂。但最新的数学方法用于不稳定系统,与它导致的本书所述的扩展,并不是一种纯粹的巧合,它们使我们基于自然的概率描述来包含我们宇宙演化特性的描述。科恩(I. Bernard Cohen)在最近一篇文章里把概率革命说成是应用革命。他写道:"即使 1800—1930 年没有显示出概率领域的一场革命,它们也提供了**概率化革命**的证据,即随概率和统计学引入经历过革命性变革的领域,而带来惊人结果的一场真正革命的证据。"[54] 这场"概率化革命"仍在进行中。

V

现在我们要结束这一章。我们从伊壁鸠鲁和卢克莱修开始,他们所发明的倾向允许新奇性的出现。2500 年后,我们终于可以给这个概念一个精确的物理学含义,它起源于被现代动力系统理论确认的不稳定性之中。如果世界由稳定动力学系统组成,它就会与我们所观察到的周围世界迥然不同。它将是一个静态的、可以预言的世界,但我们不能在此作出预言。在我们的世界里,我们在所有层次上都发现了涨落、分岔和不稳定性。导致确定性的稳定系统仅仅与理想化、与近似性相对应。奇怪的是,这又为庞加莱所预见到。在讨论热力学定律时,他写道:

> 这些定律只有一个特性,那就是所有概率都存在一个共同属性。但在确定性假设方面仅有单一的概率,并且,这些定律不再有任何意义;另一方面,在非确定性假设方面那些定律也会有含义,即使它们在某种绝对意义上才被使用。它们作为一种施加于自由之上的限制出现。但这些话提醒我,我正在反对并正在离开数学和物理学领域。[55]

今天,我们不怕"非确定性假设",它是不稳定性和混沌的现代理论的自然结果。一旦我们有了时间之矢,就会立刻明白自然的两个主要属性:自然的统一性和自然的多样性。统一性,因为宇宙的各个部分都共有时间之矢,你的未来即我的未来,太阳的未来即其他任何恒星的未来。多样性,像我写作的这间屋子,因为有空气,即或多或少达到热平衡的混合气体,并且处于分子无序状态之中;还因为有我妻子布置的美丽的鲜花,它们是远离平衡态的客体,是归功于不可逆的非平衡时间过程的高度组织化的客体。任何不考虑时间这种建设性作用的自然法则表述,都不可能令人满意。

第二章

仅仅是一种错觉?

I

本书所论述的结果成熟得很慢。自从我在第一篇关于非平衡热力学的论文中指出了不可逆性的建设性作用[1],至今已经50多年了。据我所知,这也是第一篇讨论远离平衡态自组织的论文。这么多年后,我时常想:为什么我对时间难题如此着迷?为什么经过这么多年才建立起它和动力学的联系?我并不想在这里讨论热力学和统计力学半个世纪的历史,我仅想解释我自己的动机,指出在这条路上我所遇到的一些主要困难。

我总是把科学看成是人与自然的对话,如同在现实的对话中那样,回答往往是意料之外的——有时候是令人惊讶的。

青年时期,我沉迷于考古学和哲学,尤其是音乐。我母亲过去常说,我在读书之前就会识谱。进入大学以后,我花在钢琴上的时间甚至比在教室听课的时间还多。在所有我喜欢的科目中,无论是文明的逐渐出现,与人的自由相联系的道德问题,还是音乐中声响的时间组织,时间都起了很重要的作用。随着战争威胁的降临,看来以硬科学为职业比较合适,于是我开始在布鲁塞尔自由大学学习物理和化学。

我常常就时间的含义问我的老师,但他们的回答相互矛盾。对哲学家而言,这是所有问题中最难的难题,与人类存在的道德和本性密切相关。物理学家觉得我的问题很天真,因为答案早已为牛顿所给出,且后来为爱因斯坦所证明。结果,我感到吃惊和困惑。在科学中,时间被视为一个纯粹的几何参量。在爱因斯坦和闵可夫斯基(Hermann Minkowski)之前100多年的1796年,拉格朗日称动力学为"四维几何学"。[2] 爱因斯坦则说"时间[与不可逆性相联系]是一种错觉"。以我的背景而言,我无法接受这些说法。然而,空间化时间的传统如今仍然十分活跃,霍金等许多科学家的著作可以作证。[3] 霍金在《时间简史》一书中引入"虚时间"以消除空间和时间的区别。在第八章我们将透彻分析"虚时间"概念。

我当然不是第一个感觉到时间的空间化与我们周围观察到的演化的世界,以及与我们人自身的经验不相容的人,法国哲学家柏格森才应是第一人。对他来说,"时间就是创造,或者什么都不是"。[4] 在第一章,我曾提到他后来的一篇文章《可能与现实》,这是他于1930年在诺贝尔奖颁奖大会上的演讲。在那个场合,他表达了他的感受:人类存在由"不断创生、不可预测的新鲜事物"组成;而且他得出了这样的结论:时间证明,自然界存在**不确定性**。[5] 我们周围的宇宙只是许多"可能"世界中的一个。柏格森如果读到第一章末引用的庞加莱的观点没准会十分惊奇。[6] 奇妙的是,他们的结论指向同一方向。我还引用了怀特海在他的《过程与实在》一书中表达的观点。对于怀特海而言,终极目标是调和恒常与变易,把存在构想为过程。在他看来,发源于17世纪的经典科学是一个误置具体性的例子,此种具体性不能把创造性表达为大自然的基本属性,"真实世界有其通向新鲜事物的时间通道的特性"。怀特海的"真实世界"概念显然与任何确定性描述都不相容。[7]

我们可以继续引用海德格尔等人(包括爱丁顿)的话。爱丁顿写道:"任何在属于我们自然界的精神和物质两个方面的经验范畴之间架设桥梁的努力,时间都占据着关键地位。"[8] 但这一桥梁未架设起来,时间从前苏格拉底时期到当今仍为争论的热点。对于经典科学来说,时间难题已经由牛顿和爱因斯坦解决了,但是对于大多数哲学家来说,这个解是不完善的。在他们看来,我们不得不转向形而上学。

我个人的信念则不同,放弃科学似乎是不堪付出的沉重代价。毕竟,科学引起了人类与自然之间独特和富有成效的对话。也许经典科学的确把时间限制为一个几何参量,因为它只处理一些简单问题。例如,我们处理无摩擦摆的时候,没有必要扩展时间的概念。但是,一旦科学遇到了复杂系统,就不得不修改它对时间的看法。经常浮现在我脑海中的是一个与建筑风格有关的例子:公元前5世纪的伊朗砖与19世纪的新哥特式砖并无太大的区别,但结果——波斯波利斯王宫与新哥特式教堂——却呈鲜明对照。看来,时间是一种"突现"的特性。但时间之源是什么呢?我坚信,宏观不可逆性是微观尺度上的随机性的表现。但什么是这种随机性的起源呢?

沉醉于这些问题,我转而学习热力学是十分自然的,尤其是布鲁塞尔自由大学在这个学科已有一个由德·唐德尔(Théophile De Donder, 1870—1957)奠基的热力学学派。

II

在第一章,我们提到了克劳修斯提出的热力学第二定律的经典表述。这一定律基于一个不等式:孤立系的熵 S 单调增加,直至在热力学平衡时达到其最大值。因而,对于熵随着时间的变化,我们有 $dS \geq 0$。如何才能把这一表述延拓到非孤立的、与外界有物质和能量交换的系统呢?我们必须区分有关熵变 dS 的两个概念:首先,$d_e S$ 是跨过系统的边界转移的熵；其次，d_iS 是系统内产生的熵。因此，我们有 $dS = d_eS + d_iS$。现在，我们可以这样表述热力学第二定律：无论边界条件如何，熵产生 d_iS 总是正的，即 $d_iS \geq 0$。**不可逆过程生熵**。德·唐德尔走得更远：他用各种不可逆过程的速率（化学反应速率、扩散速率等等）和热力学力，把每单位时间的熵产生表述为 $P = \dfrac{d_iS}{dt}$。事实上，他只考察了化学反应，但这很容易推广。[9]

德·唐德尔在这条道路上并没有走出很远。他主要关注平衡及其邻域。虽然他的工作有其局限性，且在相当长时间里毫无结果，但仍然是向非平衡热力学表述迈出的重要一步。我仍然记得德·唐德尔的工作所遇到的敌意。对绝大多数科学家来说，热力学必须**严格**限制在平衡态。

这就是当时最有名望的热力学家吉布斯和刘易斯（Gilbert N. Lewis）的观点。在他们看来，与单向性时间相联系的不可逆性是无法容忍的。刘易斯甚至写道："我们将看到，几乎在任何地方，物理学家从他的学科中清除了与物理学理想不相容的单向时间。"[10]

我亲自体验过这样的敌意。1946 年，我组织了由 IUPAP（纯粹物理与应用物理国际协会）赞助的第一届统计力学和热力学大会。这样的会议从此一直定期召开并吸引了大批学者，但当时我们仅是 30—40 人的一个小团体。我发表了关于不可逆热力学的报告后，一位当时著名的热力学专家作了如下评价："我惊讶这位年轻人对非平衡物理学如此感兴趣。不可逆过程是短暂的。为什么不缓一缓，像别人一样去研究平衡态呢？"我对这种反应非常惊异，脱口而答："但我们都是短暂的。对我们人类共同的生存条件感兴趣难道不自然吗？"

我终生都遇到这种对于单向性时间概念的敌意。热力学应当是受限于平衡的学科，这仍是盛行的观点。在第一章我曾提到，把热力学第二定律平庸化的努力是很多著名物理学家信条的一部分。我总是对这种态度感到惊奇。在我们周围,处处可以看到成为"大自然创造性"(怀特海语)证据的结构的出现。我总是感到,这种创造性必须以某种方式与距平衡态的距离联系起来,它是不可逆过程的结果。

例如,对比一下晶体和城镇。晶体是一个可以在真空中保持的平衡结构。如果把城镇孤立起来,它就会消亡。因为它的结构依赖于它的功能,功能和结构是不可分离的。因为结构表达了城镇与外界的交流。

薛定谔在他的优美著作《生命是什么?》中,用熵产生和熵流讨论了生命的新陈代谢。若有机体处于定态,则它的熵随时间保持不变,故 $dS = 0$,结果是熵产生 d_iS 和熵流相消,$d_iS + d_eS = 0$,或者 $d_eS = - d_iS < 0$。于是薛定谔断言,生命以"负熵流"为食。[11] 然而,更重要的一点是,生命与熵产生相联系,从而与不可逆过程相联系。

可是,在生命系统或者城镇中的结构是如何在非平衡条件下产生的呢?像在动力学中一样,**稳定性**问题在这里再次起着重要作用。熵在热力学平衡时最大,这是孤立系的情况。对于温度维持为 T 的系统,我们有类似的陈述。于是,人们引入"自由能"$F = E - TS$,能量 E 和熵 S 的线性组合。所有热力学教科书都表明,自由能 F 在平衡态处有最小值(参见图 2.1)。因此,扰动或涨落不产生什么影响,因为它们会回到平衡态。这种情况类似于第一章第 III 节所讨论过的稳定摆。

相应于非平衡的定态会发生什么情况呢?我们在第一章第 II 节讨论热扩散时看到过一个定态的例子。非平衡定态是真正稳定的吗?在近平衡情况(所谓"线性"非平衡热力学)下,回答是肯定的。正如我们在 1945 年所证明的,定态相应于每单位时间熵产生 $P = \dfrac{d_iS}{dt}$ 最小。[12] 在

平衡态 $P = 0$,即熵产生为零,而在围绕平衡态的线性域,P 为最小值(参见图2.2)。[13]

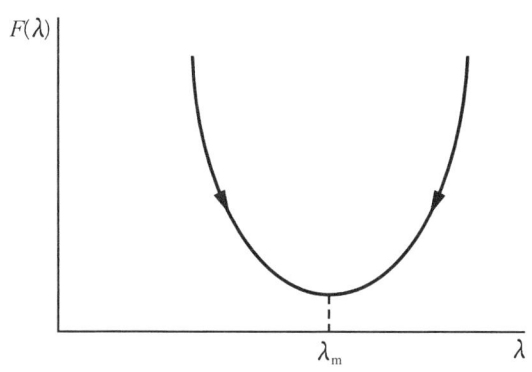

图2.1　F 的最小值

在平衡点($\lambda = \lambda_m$)处,自由能最小。

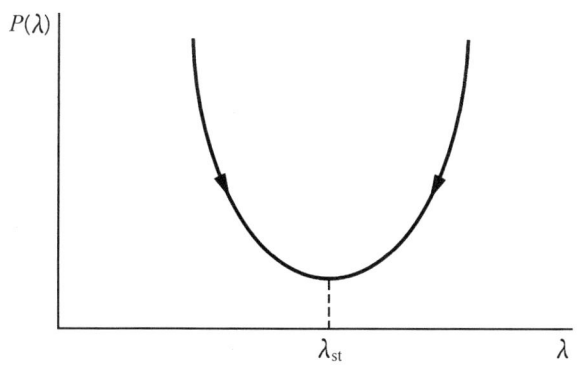

图2.2　P 的最小值

在定态($\lambda = \lambda_{st}$)处,熵产生 $P = d_iS/dt$ 最小。

涨落再一次消失。但是,这里表现出一个重要的新特性:非平衡系统可以自发地演化到**复杂性增加**的状态。我们注意到,这种建序是不可逆过程的结果,在平衡态是无法实现的。这一点在第一章讨论热扩散例子时已经很清楚了,温度梯度使得混合物部分分离。此后,我们也研究了许多其他例子,在这些例子里,复杂性总是伴随着不可逆性。这些结果成为我们未来研究的准则。

但是,如何把这些在近平衡情况下成立的结论外推到远离平衡态呢?我的同事格兰斯多夫(Paul Glansdorff)和我对这一课题进行了多年的研究。[14] 我们得到了一个惊人的结论:与平衡态发生的情况不同,与近平衡态发生的情况也不同,远离平衡系统不遵守对自由能或熵产生函数有效的最小熵产生原理。结果是,没有什么保证涨落被衰减。我们只能就稳定性得到**充分条件**的表述,我们称之为"广义演化判据",这要求厘定不可逆过程的机制。近平衡的自然法则是**普适的**,但它们在远离平衡时成为机制依赖性的。因此,我们开始注意到我们周围观察到的自然界中的多样性的起因。物质在远离平衡时获得新的属性,涨落和不稳定性现在是正常现象。物质变得更为"活跃"。目前,有许多围绕这一课题的文章,[15] 这里我们仅考虑一个简单例子。若有一化学反应,其形式为 {A} ⇌ {X} ⇌ {F},其中{A}是初始生成物,{X}是中间产物,{F}是最终生成物。在平衡态,我们有细致平衡,其中存在从{A}到{X},又从{X}到{A}的许多转变,对{X}和{F}亦然。初始生成物与最终生成物之比{A}/{F}在孤立系的情况下取明确定义的值,它相应于最大熵。现在考虑开放系,比如一个化学反应器。通过对物质流的适当控制,我们可以把初始生成物{A}和最终生成物{F}两者的值固定。我们把{A}/{F}的比值从它的平衡值开始逐渐增加,当我们远离平衡时,中间产物{X}会发生什么情况呢?

化学反应通常由非线性方程所描述。给定{A}和{F}的值时,中间产物{X}的浓度会有很多解,但只有一个解对应于热力学平衡和最大熵。这个解可以延伸到非平衡区域,我们把这个解称为"热力学分支"。未预料到的结果是,在距平衡态的某个临界距离,热力学分支通常会**失稳**(参见图2.3)。发生这种情况的点叫做分岔点。

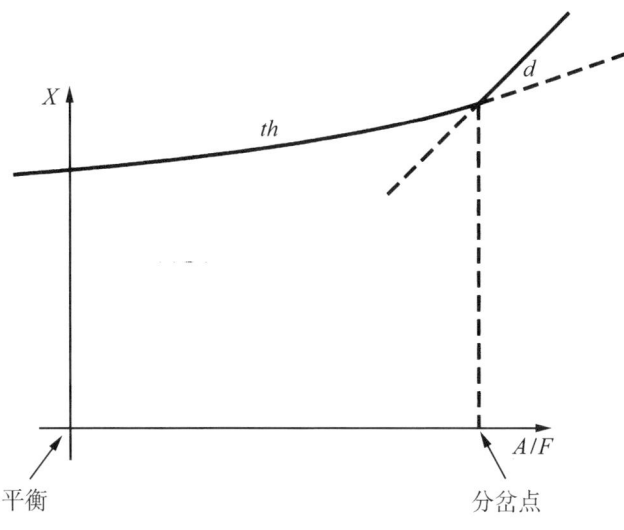

图 2.3　热力学分支

两个定态解 th 和 d 是比率 A/F 的函数。在分支点，热力学分支 th 失稳，另一个分支 d 变成稳定的。

在分岔点之外，出现了一系列新现象：有振荡化学反应，非平衡空间结构和化学波。我们给这些时空组织起了个名字叫**耗散结构**。热力学给我们导出了化学中出现耗散结构的两个条件的表述：(1) 远离平衡情形由临界距离确定；(2) 催化步骤，例如，由化合物 X 生成中间化合物 Y **以及**由 Y 生成 X。

值得注意的是，生命系统也满足这些条件：核苷酸编码蛋白质，蛋白质又编码核苷酸。

我们很幸运：在我们预言了种种可能性之后，BZ 反应——化学振荡的一个特例——的实验结果成了众所周知的事实。[16] 我们看到反应溶液变成蓝色，然后变成红色，然后又重新变成蓝色时的激动情景，我至今记忆犹新。现在，人们已经知道了其他许多振荡反应。[17] 但是，BZ 反应仍有其重要的历史意义，它证明了物质在远离平衡时有新的属性。亿万个分子同时变蓝，然后又同时变红。在远离平衡的条件下这需要出现长程关联,而在平衡态时则没有这种关联。我们可以再次说,物质在平衡时是"盲目的",而在远离平衡时才开始"看见"。我们已经看到,在近平衡态,与熵产生相联系的耗散具有最小值。而在远离平衡态时正相反,新的过程开始,熵产生增加。

远离平衡态化学已取得了稳步的进展。近年来已经观测到了非平衡的空间结构,[18] 这些结构最早是图灵(Alan Mathison Turing)在形态发生的背景下所预言的。[19]

我们把系统继续推向非平衡态的时候,混沌性态特有的新的分岔就会产生。像与我们在第一章第Ⅲ节考察过的动力系统相联系的确定性混沌那样,相邻的轨道呈指数发散。

简言之,距平衡态的距离就像平衡热力学中的温度,它成了描述自然的一个基本参量。降低温度,我们会看到各种物态的渐次相变。但是在非平衡物理学中,各种性态的多样性更为显著。为了这一讨论的目的,我们考察了化学,但类似的与非平衡耗散结构相联系的过程在其他许多领域已得到研究,包括流体力学、光学和液晶等领域。

我们来更仔细地考察涨落的临界效应。我们看到,近平衡涨落是无关紧要的,但在远离平衡态,涨落却起着核心作用。我们不仅需要不可逆性,而且还必须放弃与动力学相联系的确定性描述。系统"选择"一个在远离平衡态时可得到的分支,但是在宏观方程中证明对任何一个解都没有偏爱。这里引入了一个不可约概率元。最简单的分岔之一是如图 2.4 所示的所谓"叉式分岔",其中 $\lambda = 0$ 对应于平衡态。

热力学分支从 $\lambda = 0$ 到 $\lambda = \lambda_c$ 是稳定的。超过了 λ_c 点以后,热力学分支失稳且有对称的一对新的稳定解出现。正是涨落决定了哪一个分支将被选择,如果我们抑制涨落,系统就维持在不稳定态。做过的实验表明,减小涨落,就可以进入不稳定区。但是,内源涨落或者外源涨落迟早会取得主导,把系统带入其中一个分支 b_1 或 b_2。

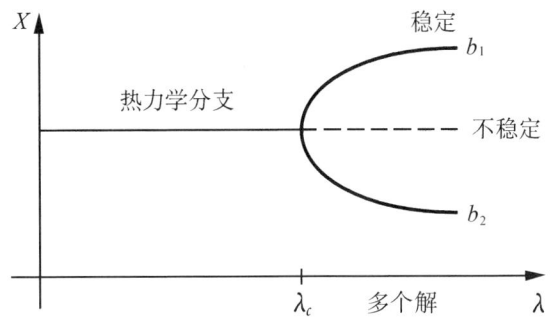

图 2.4　叉式分岔

浓度 X 是参量 λ 的函数,表征离开平衡态的距离。在分岔点,热力学分支失稳,出现两个新解 b_1 和 b_2。

分岔是对称性破缺之源。事实上,超过 λ_c 时方程的解通常具有比热力学分支低的对称性。[20] 分岔是系统各部分与系统及其环境之间的内禀差别的表现。一旦耗散结构形成,时间的均匀性(例如在振荡化学反应中),或者空间的均匀性(例如在非平衡图灵结构中),或两者,被打破了。

我们通常有如图 2.5 所示图解形式的逐次分岔。此种系统的时间描述既包含确定性过程(分岔之间)又包含概率性过程(在分支间的选择中)。这里还牵涉到一个历史维度。如果我们观测到系统处于态 d_2,这就意味着它通过了态 b_1 和 c_1(参见图 2.5)。

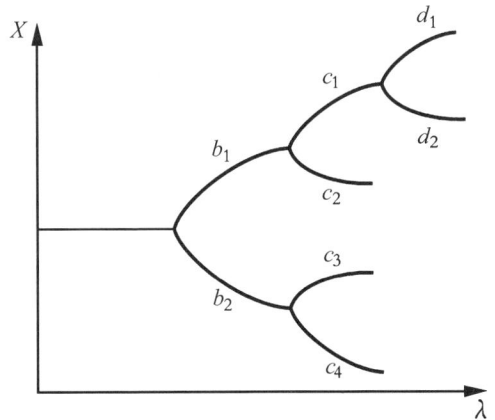

图 2.5　随着距平衡态的距离增加而出现的逐次分岔

我们一旦拥有耗散结构,就可以谈及自组织了。即使我们已经知道初值和边界约束,系统仍有许多作为涨落的结果的态可供"选择"。这些结论的影响已超出了物理学和化学。分岔确实可以被视为多样化和创新之源。[21] 这些概念目前已应用于生物学、社会学和经济学等广泛领域。现在,这些课题在全世界的许多交叉科学中心进行研究。仅在西欧,过去10多年就建立了50多个非线性过程研究中心。

弗洛伊德(Freud)写道,科学的历史就是异化的历史。哥白尼(Copernicus)证明地球并不是行星系的中心;达尔文指出我们人类仅是众多动物中的一种;弗洛伊德认为我们的理性活动仅仅是无意识的一部分。现在,我们可以把这些观点倒转过来。我们看到,人类的创造力和创新性可以被视为在物理学或化学中存在的自然法则的放大。

III

上述结果强烈表明,我们在第一章提到的将热力学平庸化的企图必定失败。时间之矢在结构形成中扮演了基本角色,无论在自然科学还是在生物学中皆是如此。但我们只是刚开始我们的探索。我们在化学中的非平衡态下所能产生的最复杂的结构,与我们在生物学中所发现的复杂性之间,仍然存在着一条鸿沟。这不仅仅是个纯科学问题。在给欧共体的一份最近报告中,比布里歇尔(Christof Karl Biebracher)、尼科里斯(Grégoire Nicolis)和舒斯特(Peter Schuster)写道:

> 自然界中的组织不应也不能通过中央管理得以维持,秩序只有通过自组织才能维持。自组织系统能够适应普遍的环境,即系统以热力学响应对环境中的变化作出反应,此种响应使系统变得异常地柔韧且鲁棒,以抗衡外部的扰动。我们想指出,自组织系统比传统人类技术优越,传统人类技术仔细地

回避复杂性,分层地管理几乎所有的技术过程。例如,在合成化学里,不同的反应步骤通常被仔细隔离,用搅拌器来避免反应物的扩散。必须开发全新的技术以实现高级指导,并调节自组织系统对技术过程的潜力。自组织系统的优越性可以用生物系统加以说明,在生物系统中,复杂的产物可以以无与伦比的精度、效能和速度形成![22]

非平衡热力学的结果接近于柏格森和怀特海表达的观点。大自然确实与产生无法预测的新鲜事物相关,"可能"的确比"实在"更丰富。我们的宇宙遵循一条包含逐次分岔的路径,其他的宇宙可能遵循别的路径。值得庆幸的是,我们遵循的这条路径产生了生命、文化和艺术。

我青年时的梦想,是献身于解决时间之谜来求得科学与哲学的统一,*非平衡物理学表明这一梦想完全可能成真。本章描述的结果促使我更进一步在微观层次上探索时间的概念。我强调了涨落的作用,但什么是涨落之源?我们如何能够调和它们的性态与基于自然法则传统表述的确定性描述呢?倘若我们做到了,就抹煞了近平衡过程与远离平衡过程之间的差别。更有甚者,我们竟然对像经典力学和量子力学这些人类思维独特和绝妙的结构提出质疑。

我必须承认,这些想法不知造成了多少个不眠之夜,没有同事和学生们的支持,我可能早就半途而废了。

---

* 早在1937年,我在为一本学生杂志写的3篇短文里表达了这一梦想!

第三章

从概率到不可逆性

I

我们在第二章已看到,不可逆过程描述了形成非平衡耗散结构的、自然的基本特征,这样的过程在经典力学和量子力学的时间可逆定律所支配的世界里是不可能的。耗散结构需要时间之矢。而且,若想用这些定律引入的近似来解释耗散结构的出现是没有希望的。

我始终坚信,认识耗散结构乃至更一般地认识复杂性的动力学起源,是当代科学最引人入胜的概念难题之一。如第一章所述,对于不稳定系统,我们必须在统计层次上表述动力学定律,这完全改变了我们对自然的描述。在这种表述中,物理学的基本客体不再是轨道或波函数,而是**概率**。因此,我们到了18世纪物理学领域之外的"概率革命"的尾声。然而,面对这种激进结论的含意,为了得到不太极端的解答,我踌躇良久。在《从存在到演化》一书中,我写道:"在量子力学中,有些观测量的数值不能够被同时确定,即坐标和动量。(这是海森伯不确定度关系和玻尔互补原理的精髓。)在此,我们也有一个互补性——动力学描述与热力学描述之间的互补性。"[1] 这可能是解决与不可逆性联系在一起的概念难题的一个更不极端的方法。

回顾过去,我对我早先著作中的这段叙述感到遗憾。如果存在一个以上的描述,那么谁来选择正确的描述呢?时间之矢的存在并没有带来方便,它是由观测强加的一件事实。然而,最近几年我们对不稳定系统动力学的研究结果,迫使我们在统计层次上重新表述动力学,并断言这一表述导致经典力学和量子力学的扩展。在本章,我将描述涉及的某些步骤。

近100年来,我们已经知道,甚至简单的概率性过程也有时间方向。在第一章我们已经提到过"无规行走",另一个例子是由保罗·埃伦费斯特(Paul Ehrenfest)和塔季扬娜·埃伦费斯特(Tatiana Ehrenfest)提出的"瓮模型"(见图3.1)。[2]

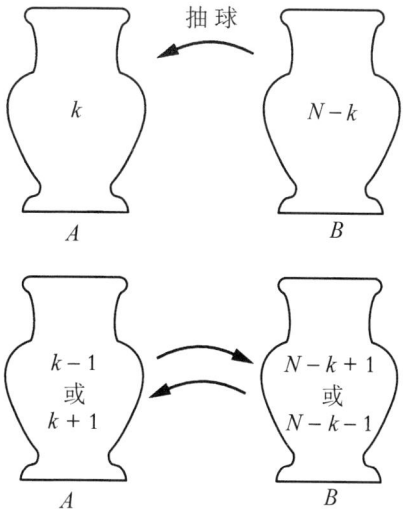

图3.1 埃伦费斯特瓮模型

N个球分布在瓮A和瓮B中。在时刻n,A中有k个球,B中有$N-k$个球。以规则的时间间隔随机地从一个瓮中取出一个球放到另一个瓮中。

假设在瓮A和瓮B中分布有N个物体(例如球),以规则的时间间隔(例如每秒)随机地选取一个球,从一个瓮移到另一个瓮中。设在时

刻 n，A 里有 k 个球，故 B 里有 $N-k$ 个球。则在时刻 $n+1$，A 里有 $k-1$ 个球或者 $k+1$ 个球。这些是明确定义的**转移概率**。让我们继续进行这场游戏。我们预计，作为球交换的结果，我们将达到每个瓮中约有 $\frac{N}{2}$ 个球的情况。但是，涨落将不断出现。我们甚至有可能返回到时刻 n 时瓮 A 中再次有 k 个球的情况。正是在**概率分布**层次上我们看到趋于平衡的不可逆趋向。无论起点如何，可以证明，经 n 次转移后，在一个瓮中找到 k 个球的概率 $p_n(k)$，当 $n\to\infty$ 时趋于二项分布 $\frac{N!}{k!(N-k)!}$。这一表达式有 $k=\frac{N}{2}$ 的最大值，而且考虑了分布中的涨落。在玻尔兹曼模型中，最大熵恰好对应于这个二项分布。

埃伦费斯特模型是"马尔可夫过程"（或叫"马尔可夫链"）的一个范例，是以俄国大数学家马尔可夫（Andrei Markov）的名字命名的，他最先描述了此种过程。一旦我们有了概率描述，就常常能够导出不可逆性。但我们如何将概率性过程与动力学联系起来呢？这仍是根本性的难题。

我们已经看到，统计物理学或群体物理学的先驱们已经在这一方向上迈出了基本的一步。麦克斯韦、玻尔兹曼、吉布斯和爱因斯坦都强调过由概率分布 ρ 描述的系综的作用。那么，一个重要问题是，一旦达到平衡，这一分布函数的形式是什么？设 $q_1,\cdots,q_s$ 和 $p_1,\cdots,p_s$ 分别为构成该系统的粒子的坐标和动量。在第一章，相空间由坐标和动量来定义。我们还引入了概率分布 $\rho(q,p,t)$（参见第一章第Ⅲ节）。现在，我们将用单个字母 q 表示所有坐标，用单个字母 p 表示所有动量。当 ρ 变成与时间无关时，达到平衡。所有教科书中都证明，当 ρ 只依赖于总能量时，才能发生这种情况。第一章第Ⅲ节提到，总能量是动能（粒子的运动所致）与势能（粒子间的相互作用所致）之和。当用 q 和 p

表达时,总能量叫做**哈密顿量**$H(p, q)$,它随时间保持不变。这就是能量守恒原理,即热力学第一定律。所以,在平衡时,ρ 是**哈密顿量** H 的函数是很自然的。

一个重要的特例是,所有系统都具有相同能量 E 的系综。在整个相空间,除分布函数为常量的表面 $H(p, q) = E$ 外,其余任何地方分布函数均为零。这叫做"微正则系综"。吉布斯证明,这样的系综确实满足平衡热力学定律。他还考察了其他系综,如所有系统都与处于温度 T 的热库发生相互作用的"正则系综"。这导致了分布函数指数地依赖于哈密顿量,ρ 现在正比于 $\exp(-\frac{H}{kT})$,其中 T 是热库的温度,k 是玻尔兹曼常量(该常量使得指数成为量纲一的量)。

一旦平衡分布给定,我们就可以计算所有的热力学平衡性质,诸如,压强、比热。我们甚至可以超出宏观热力学,因为我们能够包括涨落。一般认为,在平衡统计热力学的广泛领域里不存在什么遗留的概念困难,只存在大部分可以用数值模拟来解决的计算困难。系综理论应用于平衡情形无疑十分成功。请注意:吉布斯所作的平衡热力学的动力学诠释是借助**系综**,而不是轨道。为了包含不可逆性,我们必须扩展这一方法。

根据经典物理学和量子物理学,在轨道层次(或波函数层次)不存在时间建序,因为未来和过去扮演着相同的角色,这十分自然。然而,在统计描述的层次上用分布函数会发生什么情况呢?我们来观察一杯水。在这个玻璃杯中有数目庞大的分子(10^{23} 数量级)。从动力学观点来看,正如第一章所定义的,这是一个不可积庞加莱系统,因为存在着我们无法消除的分子间相互作用。我们可以把这些相互作用视为分子间的碰撞(在第五章,我们将更精确地定义"碰撞"这一术语),并且用统计系综 ρ 来描述包含大量碰撞的水。水在变老吗?如果我们只考虑单个的水分子,它们在地质时间尺度是稳定的,水肯定没有变老。然而从统计描述的观点来看,在此系统中存在着自然时间秩序。老化是群体的属性,恰如生物进化的达尔文理论中的情况。它是趋于平衡分布的统计分布,如上面定义的正则分布。要描述这种向平衡的趋近,我们需要**关联**概念。

考虑依赖于两个变量 x_1 和 x_2 的概率分布 $\rho(x_1, x_2)$。若 x_1 和 x_2 彼此无关,则我们有因式分解 $\rho(x_1, x_2) = \rho_1(x_1)\rho_2(x_2)$。于是,概率 $\rho(x_1, x_2)$ 是两个概率之积。反之,若 $\rho(x_1, x_2)$ 不能分解因子,则意味着 x_1 与 x_2 **关联**。现在我们回到那杯水中的分子。水分子之间的碰撞有两个效应,一是使速度分布更对称,二是产生关联(见图3.2)。但两个关联的粒子还会与第三个粒子碰撞,于是二粒子关联转换为三粒子关联,如此等等(参见图3.3)。

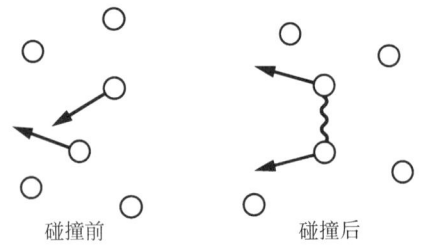

图 3.2　碰撞和关联

两个粒子碰撞产生两者间的关联(以波浪线表示)。

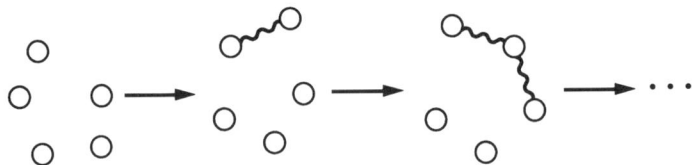

图 3.3　关联流

连续碰撞产生二粒子关联,三粒子关联……

我们现在得到一个以时间为序的关联流。对这一关联流很有价值和激起争论的类比就是人的交流。两个人相遇交谈,从而在某种程度上修改他们的看法;这些修改带给随后的相遇,又进一步修改观点,这一现象叫**传播**。社会中存在交流流,好比物质中存在关联流。当然,我们也可以想象逆过程通过破坏关联使速度分布不那么对称(见图3.4)。

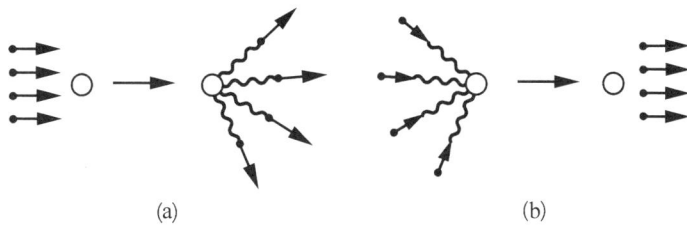

图 3.4 关联破坏

(a)以黑点表示的粒子与以圆圈表示的障碍物之间的相互作用。起初,所有粒子具有相同的速度,碰撞使速度改变并在粒子和障碍物间产生关联。

(b)表示相反的过程。我们考虑速度反演的效应,作为逆碰撞的结果,与障碍物的关联被破坏,初速度得以恢复。

因此,我们需要一个随着时间的推移使速度分布更加对称的过程行将有效的因素。我们将看到,这恰恰是庞加莱共振的作用。我们现在开始瞥见包含不可逆性的统计描述,它将是导出平衡分布的**关联动力学**。

图 3.3 所示依时间为序的关联流的存在,已由计算机模拟得到证实。[3] 我们也可以再现通过时间反演(其中我们反演粒子的速度)产生如图 3.4 所示的过程。但我们只能对短期时间和有限数目的粒子实现这种反演关联流;此后,我们重新具有包括使系统趋于平衡的数目越来越大的粒子的关联流。

在统计层次上给出不可逆性的意义的这些结果,在将近 30 年前就已经得到,[4] 但目前仍有一些基本问题有待解决。如何在统计描述层次产生不可逆性,而不在我们借助轨道来描述动力学的时候产生不可逆性?这是否是我们的近似所引起的?而且,(例如在计算机实验里)我们观察到的渐次关联,也许是计算机时间限制所引起的?显然,通过碰撞制备产生关联的不关联粒子,比制备能够导致其中的关联被破坏的系综,所需程序要短。

但是,为什么要从概率分布入手?概率分布描述轨道丛或系综的性态。我们采用系综到底是因为我们"无知",还是像第一章讨论的那样隐含有更深刻的原因?对于不稳定系统,系综与个体轨道相比确实显示出新的特性。这就是我们现在将用若干简单例子加以说明的东西。

II

在本小节里,我们将关注确定性混沌,以及一种特别简单类型的混沌,二者都对应于**混沌映射**。与在普通动力学中发生的情况相反,映射中的时间仅以离散间隔起作用,比如在第 I 节中我们讨论过的埃伦费斯特瓮模型。因此,映射表示动力学的简化形式,它使我们比较容易把个体描述层次(轨道)与统计描述进行比较。我们将考察两种映射。第一个例子描绘简单周期性态;第二个例子描述确定性混沌。

在第一个例子里,我们考虑"运动方程" $x_{n+1} = x_n + \frac{1}{2} (\bmod 1)$。mod 1 的意思是,我们只处理 0 和 1 之间的数。经过两次推移后,我们回到初始点(即 $x_0 = \frac{1}{4}$,$x_1 = \frac{3}{4}$,$x_2 = \frac{3}{4} + \frac{2}{4} = \frac{5}{4} = \frac{1}{4}$)。这种情况如图 3.5 所示。

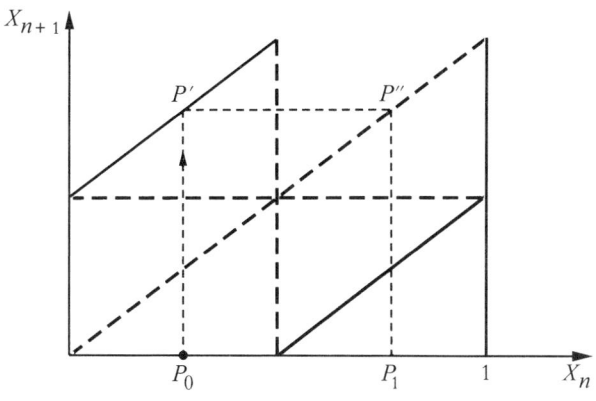

图 3.5 周期映射

按照映射 $x_{n+1} \to x_n + 1/2$,存在着从初始点 P_0 到下一点 P_1 的一个简单几何结构。我们从 P_0 到 P',然后到等分线上的 P'' 点,由此到 P_1。显然,若我们从 P_1 出发,则回到 P_0。

不考虑由轨道定位的单个的点,而考虑由概率分布 $\rho(x)$ 描述的系综,是很有意义的。轨道对应于系综的特殊集合,其中,坐标 x 取明确定义的值 x_n,分布函数 ρ 则退化成单个点。第一章第Ⅲ节曾提到,这可以写为 $\rho_n(x) = \delta(x - x_n)$。($\delta$ 函数是除了 $x = x_n$ 外其余所有值皆为零的一种函数的符号。)用分布函数 ρ,映射可以表达成 $\rho_{n+1}(x)$ 与 $\rho_n(x)$ 之间的关系。故我们可以写成 $\rho_{n+1}(x) = U\rho_n(x)$。形式上,$\rho_{n+1}$ 通过作用于 $\rho_n(x)$ 上的算符 U 而得到。这个算符称为佩龙—弗罗贝尼乌斯算符。[5] 在这一点上,它的显式对我们并不重要,但值得注意的是,并没有在 U 的结构中引入新的元素(运动方程除外)。显然,系综描述必须把轨道描述作为一种特例,因而我们有 $\delta(x - x_{n+1}) = U\delta(x - x_n)$。这只不过是将运动方程重写的一种方法,因为,推移一次后,x_n 就变成了 x_{n+1}。然而,主要问题在于:**这是唯一的解,还是作为由不能用轨道表达的佩龙-弗罗贝尼乌斯算符所描述的系综演化的新解?**在我们周期映射的例子中,回答是否定的。对于稳定系统,个体轨道与系综的性态之间没有任何差别。对于不稳定动力学系统,正是个体观点(对应于轨道或波函数)与统计观点(对应于系综)之间的这一等价性被打破了。

混沌映射最简单的例子是**伯努利映射**。这里,我们把 0 和 1 间的数值每一步都乘以 2,得到运动方程:$x_{n+1} = 2x_n \pmod 1$。这个映射如图 3.6 所示。运动方程再次成为确定性的,一旦我们已知 x_n,则 x_{n+1} 的数值也就确定了。这里我们有一个确定性混沌的例子,之所以如此称呼,是因为如果我们用数值模拟来跟踪轨道,就会发现轨道是无常的。因为坐标 x 在每一步都乘以 2,两条轨道之间的距离将为 $(2^n) = \exp(n\ln 2)$,仍然是 mod 1。用连续时间 t,这可以写成 $\exp(t\lambda)$,其中 $\lambda = \ln 2$,λ 称为李雅普诺夫指数。这表明,轨道指数地发散。这种发散就是确定性混沌的标志。若我们等待足够长的时间,则轨道最终将趋近 0 与 1 之间任意选择的任何点(参见图 3.7)。这里,我们有一个导出随机性的动力学过程。过去,确定性宇宙中的这一表观流被许多大数学家反复研究过,诸如克罗内克(Leopold Kronecker,1884)和外尔(Hermann Weyl,1916)。按照普拉托(Jan von Plato)的说法,类似的结果早在中世纪就已得到,所以,这肯定不是一个新问题。[6] 然而新鲜之处在于,把随机性与算符理论联系起来的伯努利映射的统计表述。

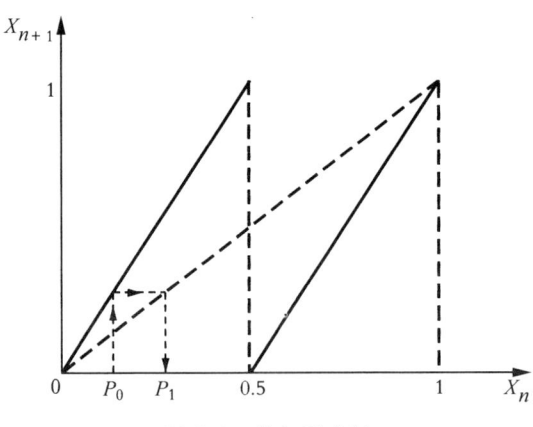

图 3.6 伯努利映射

在这个确定性混沌的例子中,随着 x 的值加倍(mod 1),我们从点 P_0 出发,到点 P_1。

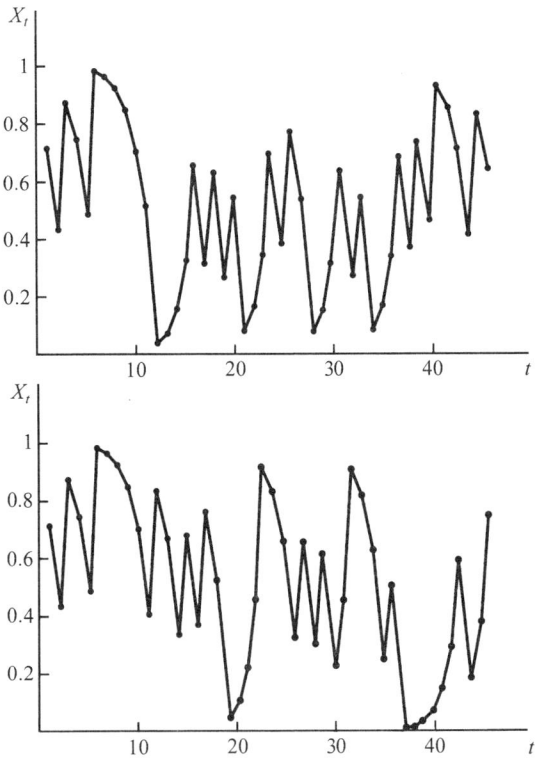

图 3.7　伯努利映射轨道的数值模拟

每次模拟的初始条件稍有不同。这种差异随时间的推移而被放大。(这些数值模拟是德里贝的工作。)

我们现在转向用佩龙-弗罗贝尼乌斯算符的统计描述上来。在图 3.8 中,我们看到算符 U 对分布函数的影响。轨道描述的差异是显著的,因为分布函数 $\rho_n(x)$ 很快变为常量。因此,我们断言,用轨道描述的一方与用系综描述的另一方之间的基本差异必然存在。总之,轨道层次上的不稳定性导致统计描述层次上的稳定性。

这如何可能呢?佩龙-弗罗贝尼乌斯算符仍允许轨道描述 $\delta(x - x_{n+1}) = U\delta(x - x_n)$,但意料之外的特点是,它还允许只适用于统计系综而不适用于个体轨道的新解。个体观点与统计描述之间的等价性被打破了。

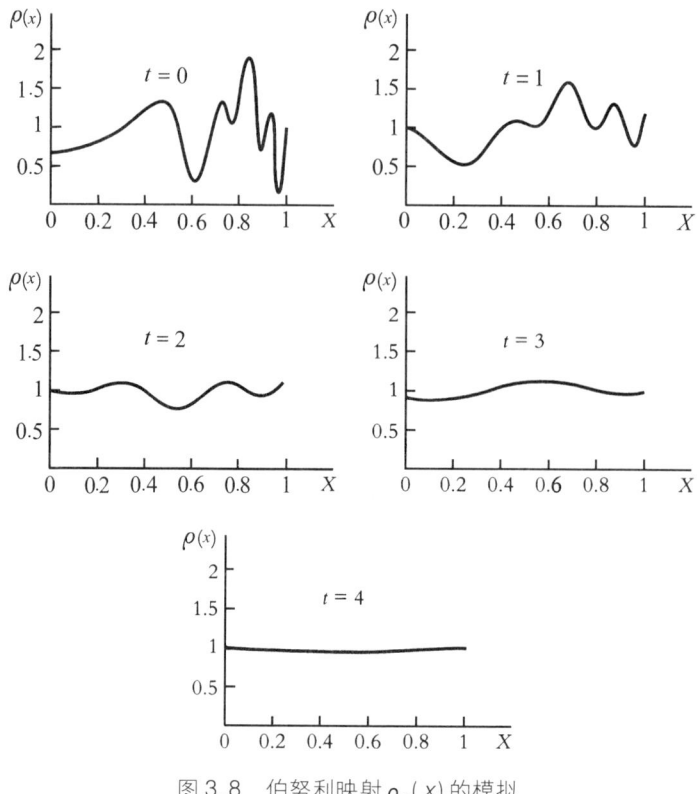

图 3.8 伯努利映射 $\rho_n(x)$ 的模拟

概率分布演化的数值模拟。与轨道描述相反,概率很快达到渐进一致分布。(这些数值模拟是德里贝的工作。)

这件令人震惊的事实揭开了数学和理论物理学的新篇章。[7] 虽然混沌问题不能在个体轨道层次上加以解决,但它能在系综层次上得到解决。我们现在可以谈论**混沌定律**。[8] 我们将在第四章里看到,我们甚至可以预言分布 ρ 趋向平衡的速率(对于伯努利映射它是常量),并建立这一速率与李雅普诺夫指数之间的关系。

我们怎么理解个体描述与统计描述之间的差异呢? 在第四章,我们将更详细地分析这一情况。我们将看到,这些新解需要分布函数光滑,这就是为什么此种新解不适用于个体轨道的原因。用 $\delta(x - x_n)$ 表示的轨道不是光滑函数,因为它当且仅当 $x = x_n$ 时不为零,当 $x \neq x_n$ 时为零。

因此,用分布函数的描述比从个体轨道导出的描述更加丰富,这和我们在第一章第Ⅲ节所得出的结论一致。对于不稳定映射,轨道仅是佩龙-弗罗贝尼乌斯方程的特解。这也适用于具有庞加莱共振的系统(参见第五、第六章)。就概率分布而言,有时间方向的关联流是这些新解中的要素,而无时间方向的过程存在于个体轨道层次。

我们方法的绝妙之处在于,打破了个体描述与统计描述之间的等价性。下一章我们将更详细地讨论在统计层次出现于混沌映射中的新解。

我们现在发现,自己所处的情况令人联想起我们在热力学中遇到的情况(见第二章)。平衡热力学的异常成功,妨碍了其中出现耗散结构和自组织的非平衡情形中物质的新属性的发现。类似地,经典轨道理论和量子力学的成功,阻碍了动力学向统计层次的扩展,阻碍了把不可逆性结合到对自然的基本描述之中。

第四章

混沌定律

I

在第三章,我们阐述了使我们能够对于不稳定动力学系统扩展经典力学和量子力学的要素:打破个体描述(用轨道)与统计描述(用系综)之间的等价性。现在,我们想就简单混沌映射更贴近地分析这种不等价性,并说明这一结果如何与数学的最新进展相关联。[1] 我们先回到伯努利映射。如前所述,这是确定性混沌的一个例子。

根据运动方程 $x_{n+1} = 2x_n (\bmod 1)$,一旦已知初始条件 x_0,则对于任意的 n,都能够计算 x_n。然而,一个随机性要素仍然呈现出来。在 0 和 1 之间的任意数 x 可以用二进制数字系统表示:$x = \dfrac{u_0}{2} + \dfrac{u_{-1}}{4} + \dfrac{u_{-2}}{8} \cdots$,其中 $u_i = 0$ 或 1(我们用负下标 u_{-1}、u_{-2} 来引入将在第Ⅲ节中研究的面包师变换)。于是,每个数 x_n 都用一系列数字来表示。不难证明,当它把数 u_i 向左边移动时,伯努利映射导出推移 $u'_n = u_{n-1}$(例如,$u'_{-2} = u_{-3}$)。数列 u_{-1},u_{-2},…中的每个数的值与其他数的值无关,所以每一逐次推移的结果像掷硬币一样是随机的。这个系统叫做"伯努利推移",以纪念 18 世纪大数学家伯努利(Jakob Bernoulli)在机遇游戏中的开创性工作。在这里,我们还可以看到对初始条件的敏感性:仅有微小差别的两个数(比如说,u_{-40} 不同,即差异小于 2^{-39}),在 40 步后竟相差 $\frac{1}{2}$。我们已解释过,这种敏感性对应于一个正李雅普诺夫指数,当 x 在每一步都加倍时,它的值为 $\ln 2$(参见第三章第Ⅱ节)。

伯努利映射从一开始就引入只指向一个方向的时间之矢。如果不考虑 $x_{n+1} = 2x_n (\mod 1)$,而考虑映射 $x_{n+1} = \frac{1}{2}x_n$,我们会在 $x = 0$ 处发现一个单点吸引子。时间对称性在运动方程层次被打破,故运动方程不是可逆的。这和牛顿描述的动力学系统形成对照,因为牛顿运动方程对于时间反演是不变的。

在此,要牢记的最重要一点是,轨道不足胜任。轨道不能描述混沌系统的时间演化,即便混沌系统由确定性运动方程所支配。迪昂(Pierre-Maurice Duhem)早在 1906 年就指出,仅当我们对初始条件作少许改变时,轨道保持几乎相同,轨道概念才是一种适当的表示方式。[2] 用轨道描述混沌系统恰恰缺少这种稳健性。这正是对初始条件敏感性的含义:两条轨道从我们所能想象的尽可能靠近的两点出发,随着时间的推移,它们将按指数发散。

相反,在统计层次上描述混沌系统没有什么困难。因此,正是在统计层次上我们必须表述混沌定律。在第三章,我们引入了佩龙-弗罗贝尼乌斯算符 U,它把概率分布 $\rho_n(x)$ 变换成 $\rho_{n+1}(x)$。我们得出结论:存在着不适用于个体轨道的新解,本章中我们想要确认的正是这些新解。对佩龙-弗罗贝尼乌斯算符的研究是一个发展很快的领域,它在这里特别有意义,因为混沌映射或许是显示不可逆过程的最简单系统。

玻尔兹曼将他的思想应用到包含庞大数量分子(10^{23} 数量级)的气体,但在这里正好相反,我们只处理少量自变量(伯努利映射仅有一个自变量，我们将简要考察的面包师映射也只有两个自变量）。我们将不得不再次摈弃此种论点，即不可逆性只是因为我们的测量受限于近似而存在。我们先来确认与统计描述相联系的一类新解。

II

如何在统计层次上求解动力学问题？首先我们必须确定分布函数$\rho(x)$，以便能观察到复现关系$\rho_{n+1}(x) = U\rho_n(x)$。（$n+1$）次映射后，分布函数$\rho_{n+1}(x)$由作用于$\rho_n(x)$上的算符$U$所得到，$\rho_n(x)$是$n$次映射后的分布函数。在经典力学和量子力学中我们将遇到同一类型的问题。至于原因，我们将在第六章给出解释。算符表述首先是在量子理论中引入的，然后扩展到了其他物理学领域，最有名的是统计力学。

算符不过是如何作用在给定函数上的一种规定而已，它可以包括乘法、微分及其他任何数学运算。要定义算符，我们必须明确其使用范围。算符作用于什么类型的函数上？这些函数是连续的，有界的，还是具有其他性质？这些性质定义了函数空间。

一般说来，算符U作用在函数$f(x)$上会把它变换成不同的函数。（例如，若U是一个导数算符$\frac{\mathrm{d}}{\mathrm{d}x}$，则$Ux^2 = 2x$。）但是，有些函数当我们用$U$作用于它们时保持不变，它们只是乘上了一个数。这些特殊的函数称为算符的**本征函数**，与本征函数相乘的那个数称为**本征值**。在上面的例子中，e^{kx}是一个本征函数，相应的本征值是k。算符分析中的一个基本定理指出，我们可以用算符的本征函数和本征值来表达算符，本征函数和本征值都依赖于函数空间。其中特别重要的是所谓"希尔伯特空间"，它已被从事量子力学研究的理论物理学家仔细研究过。它包括诸如x或$\sin x$此类的"正经函数"，但不含我们将不可逆性引入到统计描述之中所需的奇异广义函数。物理学中每一个新理论都需要新的数学工具。这里,对于不稳定动力学系统来说,基本的创新之处是,我们必须走出希尔伯特空间。

在阐述了这些预备知识之后,我们再回到伯努利映射。在这种情况下,我们很容易推导出演化算符 U 的显式,从而得到 $\rho_{n+1}(x) = U\rho_n(x) = \frac{1}{2}\left[\rho_n\left(\frac{x}{2}\right) + \rho_n\left(\frac{x+1}{2}\right)\right]$。这个方程意味着在$(n+1)$次迭代之后,点 x 处的概率 $\rho_{n+1}(x)$ 由点 $\frac{x}{2}$ 和 $\frac{x+1}{2}$ 处的 $\rho_n(x)$ 值所确定。作为 U 形式的结果,若 ρ_n 是常数且等于 α,则 ρ_{n+1} 也等于 α,因为 $U\alpha = \alpha$。一致分布 $\rho = \alpha$,对应于平衡态。它是通过推移迭代,对于 $n\to\infty$ 时得到的分布函数。

相反,若 $\rho_n(x) = x$,我们求得 $\rho_{n+1}(x) = \frac{1}{4} + \frac{x}{2}$。换句话说,$Ux = \frac{1}{4} + \frac{x}{2}$。算符 U 的作用是将函数 x 变换成另一个函数 $\frac{1}{4}+\frac{x}{2}$。但是,我们不难求如上所定义的本征函数,即由算符乘以常量而复制一个相同的函数。在例子 $U\left(x - \frac{1}{2}\right) = \frac{1}{2}\left(x - \frac{1}{2}\right)$ 中,本征函数是 $x - \frac{1}{2}$,本征值是 $\frac{1}{2}$。若我们重复伯努利映射 n 次,则得到 $U^n\left(x - \frac{1}{2}\right) = \left(\frac{1}{2}\right)^n\left(x - \frac{1}{2}\right)$,当 $n\to\infty$ 时,它趋于 0。因此,$\left(x - \frac{1}{2}\right)$ 对 $\rho(x)$ 的贡献以与李雅普诺夫指数相关的速率被很快衰减。函数 $x - \frac{1}{2}$ 属于一簇叫**伯努利多项式**的多项式,记为 $B_n(x)$,它们是具有本征值为 $\left(\frac{1}{2}\right)^n$ 的 U 的本征函数,其中 n 为多项式的次数。[3] 当 ρ 写为伯努利多项式的叠加形式时,高次多项式首先消失,因为它们的衰减因子较大。这就是分布函数

很快趋于常量的原因。最后，只有 $B_0(x)=1$ 幸存。

现在，我们必须用伯努利多项式来表达分布函数 ρ 和佩龙-弗罗贝尼乌斯算符 U。然而在我们描述结果之前，我们应当再次强调"正经函数"与"奇异函数"（又称广义函数或者广义分布，不要把它和概率分布相混淆）之间的区别，因为这至关重要。最简单的奇异函数为 δ 函数 $\delta(x)$。我们在第一章第Ⅲ节中看到，$\delta(x-x_0)$ 对于 $x \neq x_0$ 的所有值均为零，对于 $x = x_0$ 则为无穷大。我们已经注意到，奇异函数必须与正经函数一道使用。例如，若 $f(x)$ 是一个正经连续函数，则积分 $\int \mathrm{d}x f(x)\delta(x-x_0) = f(x_0)$ 有明确定义的含义。反之，包含奇异函数之积的积分，诸如 $\int \mathrm{d}x \delta(x-x_0)\delta(x-x_0) = \delta(0) = \infty$ 发散，故无意义。

我们的基本数学难题是，用本征函数和本征值来定义算符 U，这称为算符 U 的谱表示。一旦我们有了这种谱表示，就可以用它表达 $U\rho$，即佩龙-弗罗贝尼乌斯算符对概率分布 ρ 的作用。这里，我们得到了一个对于确定性混沌来说非常重要的情形。我们已经得到了一个本征函数集合，伯努利多项式 $B_n(x)$，它是正经函数，但是仍存在另一个集合 $\tilde{B}_n(x)$，它由与 δ 函数的导数相关的奇异函数构成。[4] 为得到 U 的谱表示和 $U\rho$，我们需要这两个本征函数集合。结果是，伯努利映射的统计表述只适用于正经概率函数 ρ，而不适用于对应于由 δ 函数所表示的奇异分布函数的单一轨道。U 的谱分解用于 δ 函数时包含发散且无意义的奇异函数之积。个体描述（用 δ 函数表示的轨道）与统计描述之间的等价性被打破了。然而，对于连续分布 ρ，我们得到超出轨道理论的一致结果。我们能够计算趋于平衡的速率，从而得到一个在伯努利映射中发生的、不可逆过程的、明晰的动力学表述，这个结果证实了我们在第一章第Ⅲ节中的定性讨论。概率分布考虑了相空间的复杂微结构。用轨道对确定性混沌进行描述对应于过分理想化，不能够表达这种趋向平衡。

这里,我们遇到了现代数学中的几个最紧要问题。事实上,我们将在第五章和第六章看到,确定本征函数和本征值是统计力学和量子力学的核心问题。对混沌也是一样,这里的目的是用算符(例如 U)的本征函数和本征值来表达算符。当我们成功地做到了时,就得到了算符的谱表示。在量子力学中,此种谱表示在通过正经函数的简单情形里已经取得,所以我们使用希尔伯特空间。量子力学与希尔伯特空间中的算符分析之间的联系是如此紧密,以至于量子力学往往就被当作希尔伯特空间中的算符分析。在第六章,我们将看到,这通常并不是如此。

为了把握现实世界,我们最终必须离开希尔伯特空间。在混沌映射情形里,我们必须走出希尔伯特空间,因为我们既需要是正经函数的 $B_n(x)$,又需要是奇异函数的 $\tilde{B}_n(x)$,这样,我们可以谈论受控的希尔伯特空间或盖尔范德空间。用更专门的术语来讲,我们得到了佩龙-弗罗贝尼乌斯算符的不可约谱表示,因为它仅适用于正经概率分布而不适用于个体轨道。这些特征是根本性的,由于它们是不稳定动力学系统的典型。我们将在第五章讨论我们对经典动力学的推广和第六章量子力学中再次见到它们。我们不得不离开希尔伯特空间,其物理原因与上文提及的持续相互作用有关,这种相互作用需要整体的非局域描述。只有在希尔伯特空间之外,个体描述与统计描述之间的等价性才被无可挽回地打破,不可逆性才结合到自然法则之中。

III

伯努利映射不是一个可逆系统。前面提到,在运动方程的层次上已经存在时间之矢。我们的主要问题是描述在可逆动力学系统中出现的不可逆性,所以现在我们来考察面包师映射或面包师变换,它是伯努利映射的推广。我们取一个边长为 1 的正方形。首先,将此正方形拉成长为 2 的矩形,然后再把该矩形平分,建成一个新的正方形。考虑正方形的下部,我们看到,这一过程(或映射)经过一次迭代之后,下部分成了两条(见图 4.1)。而且,此种变换是可逆的:逆变换首先将正方形重新变形成长为 $\frac{1}{2}$、宽为 2 的矩形,然后使每一点都回到其初始位置。

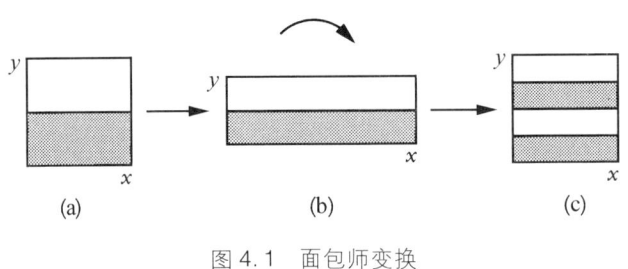

图 4.1 面包师变换

就伯努利映射而论,运动方程非常简单:在每一步,当 $0 \leqslant x < \frac{1}{2}$ 时,坐标 (x, y) 变成 $\left(2x, \frac{y}{2}\right)$,而且当 $\frac{1}{2} < x \leqslant 1$ 时,坐标 (x, y) 变成 $\left(2x - 1, \frac{y+1}{2}\right)$。要得到逆面包师变换,我们只需将 x 和 y 互换。

在面包师变换中,两个坐标扮演着不同的角色。水平坐标 x 是膨胀坐标,它对应于伯努利映射中的 x,因为它每进行一次映射都乘以 2 (mod 1)。我们还有一个压缩坐标 y,所以正方形的面积保持不变。当正方形被拉长成矩形时,在垂直坐标方向上的点更靠近在一起。由于每一次变换后沿水平坐标 x 两点间的距离加倍,所以在 n 次变换后,距离要乘以 2^n。我们把 2^n 改写成 $e^{n\ln 2}$。若用变换次数 n 来衡量时间,则李雅普诺夫指数为 $\ln 2$,恰如在第 II 节中考虑的伯努利映射。另外还有一个具有负值的李雅普诺夫指数 $-\ln 2$,它对应于压缩方向 y。

面包师变换中的逐次迭代的效果,值得给予与我们在伯努利映射中所给予的同样程度的重视(参见图 3.7)。这里,我们从位于正方形的一小部分中的诸点开始(见图 4.2),在此可以清楚地看到正李雅普诺夫指数的拉伸效果。因坐标 x 和 y 受限于区间[0,1],这些点重新投射,在整个正方形得到均匀分布。我们还可以用数值模拟证明,若我们从概率 $\rho_n(x,y)$ 出发,犹如伯努利推移的情形那样(见图 3.8),则分布将很快趋于均匀。

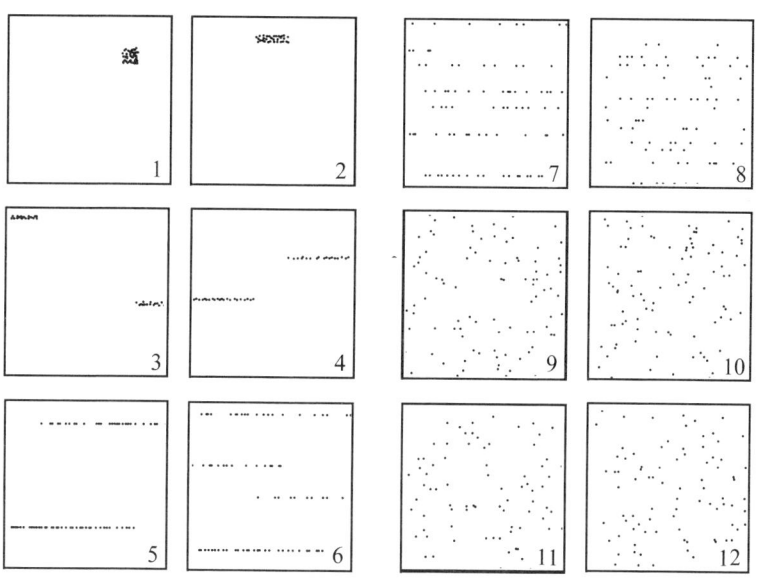

图 4.2 面包师变换的数值模拟

图形按照迭代次数(它代表时间)的顺序排列。(这些数值模拟是德里贝的工作。)

通过把面包师变换表示为伯努利推移,正如我们在第Ⅰ节中所做的那样,我们可以加深对面包师变换机制的认识。

为此,我们把单位正方形的每个点 (x,y) 与二进制表示所定义的双无穷数列 $\{u_n\}$ 联系起来:

$$x = \sum_{n=-\infty}^{0} \frac{1}{2^{n+1}} u_n, y = \sum_{n=1}^{\infty} \frac{1}{2^n} u_n,$$

其中，u_n 可取值 0 或 1。每个点 x，y 由级数 $\cdots u_{-2}$，u_{-1}，u_0，u_1，$u_2 \cdots$ 表示，其中，$\cdots u_{-2}$，u_{-1}，u_0 对应于膨胀坐标 x，而 u_1，$u_2 \cdots$ 对应于压缩坐标 y。例如，点 $x = \frac{1}{4}$，$y = \frac{1}{4}$ 将表示为 $u_{-1} = 1$，$u_2 = 1$，其他所有 u_n 都为 0 的一个级数。把这些表达式代入运动方程，我们得到推移公式 $u'_n = u_{n-1}$，这又是一个伯努利推移。我们看到，包含在初始条件中的信息包括了该系统过去和未来的全部历史（见图 4.3）。

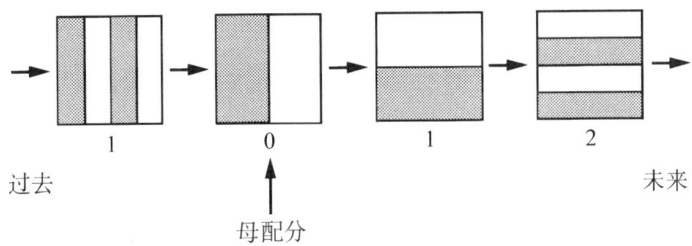

图 4.3　面包师变换的迭代

从配分 0（称为母配分）出发，重复运用面包师变换。用这种方法，生成进入未来的水平窄条。同理，生成回到过去的垂直窄条。

面包师变换的逐次迭代，使得阴影区和空白区碎裂，产生数目不断增加的不连通区域。注意，数字 u_0 确定相空间代表点是处于单位正方形的左半部（$u_0 = 0$）还是右半部（$u_0 = 1$）。数列 u_n，$\cdots$ 可以通过掷硬币来确定，故 u_n 的时间迭代 $u'_n = u_{n-1}$，$u''_n = u_{n-2}$ 将具有相同的随机性。这表明，点出现于正方形的左半部或右半部的过程可被视为伯努利推移。

面包师变换也具有所有动力学系统都具有的一个重要性质，叫复现。考虑点 (x, y)，对于该点，序列 $\{u_n\}$ 用二进制数表示，它无论是有限的还是无穷的,都是周期性的,故 x 和 y 都是有理数。既然所有的 u_n 都以同样的方式推移,那么这一类型的所有状态在一定的时间周期之后都会同样地再循环。这对于大多数其他状态都同样成立。为了说明这一概念,我们考虑无理数点 (x,y) 的二进制表示,它包含无穷多的非平凡的、不重复的数字。可以证明,几乎所有的无理数都包含无穷个有限数列。因此,在位置 0 附近 $2m$ 个数字的给定序列(它确定系统直至 2^{-m} 误差的状态)将在推移效应的作用下无穷次地重新出现。既然 m 可以想取多大就取多大(虽然有限),那么这就意味着,几乎每一个状态都将无穷多次地任意趋近任何点(当然也包括初始位置)。换句话说,大部分轨道将经过整个相空间。这就是著名的庞加莱复现定理。长期以来,复现性连同可逆性被提出作为反对真正耗散过程的存在的重要论据。但现在这个观点不再得到支持了。

总之,面包师变换是**可逆的、时间可逆的、确定性的、复现的和混沌的**。用这个例子说明这些特性特别有益,因为这同一些特性刻画了许多现实世界的动力学系统。我们将看到,尽管有这些特性,混沌允许我们通过在统计层次上进行描述来建立真正的不可逆性。

保守系的动力学包含运动定律和初始条件。此处的运动定律虽然很简单,但有必要详细分析初始条件的概念。单个轨道的初始条件对应于无穷集 $\{u_n\}$($n = -\infty$ 到 $+\infty$)。但是在现实世界中,我们只能通过有限的窗口进行观察。在目前的情形下,这意味着我们能够控制一个任意的但是有限的数列 u_n。假定这个窗口对应于 $u_{-3}u_{-2}u_{-1}u_0 \cdot u_1u_2u_3$,其他所有的数字都是未知数字(圆点表示把 x 和 y 的数字分开)。伯努利推移 $u'_n = u_{n-1}$ 意味着,在下一步,前一个序列被 $u_{-4}u_{-3}u_{-2}u_{-1} \cdot u_0u_1u_2$ 所代替,其中包含未知数字 u_{-4}。更准确地说,由于正李雅普诺夫指数的存在,我们需要以 $N+n$ 位数字的精度知道该点的初始位置,以便在 n 次迭代后能够以 N 位数字的精度确定它的位置。

我们在第一章看到,解决这一难题的传统手段是引入粗粒概率分布。这是埃伦费斯特夫妇最先提出的,这样的分布不能用单个点而是用区域进行定义。[5] 但是,扩张流形上的两个点,即使在时刻 0 由给定有限精度的测量是不可分辨的,但以后将随时间而分离,从而可观测。因此,传统的粗粒化不适用于动力学演化。这就是我们需要更精致方法的原因之一。

但首先,我们应当详细分析用面包师变换趋于平衡的含义是什么。[6] 尽管像所有的动力学系统那样,面包师变换是可逆的,但对于 $t \to +\infty$ 和 $t \to -\infty$ 的演化却是不同的。在 $t \to +\infty$ 时,我们得到越来越多的**水平窄条**(见图 4.3)。相反,在 $t \to -\infty$ 时,我们得到越来越多的**垂直窄条**。

我们看到,对于混沌映射,动力学导致两种类型的演化。所以,我们得到两个独立的描述,一个描述刻画在未来($t \to +\infty$)趋向平衡,另一个描述刻画在过去($t \to -\infty$)趋向平衡。在后面我们将看到,此种动力学分解对于混沌映射和不可积经典系统及量子系统是可能的。对于简单动力学系统,无论是谐振子还是二体系统,此种分解均不存在,因为未来和过去不可分辨。对于混沌映射,我们应当保留两个描述中的哪一个?我们将反复回到这一问题上来。眼下,我们考虑所有不可逆过程都具有的内在的普适性。大自然中一切时间之矢都有相同的指向,它们都在同一时间方向产生熵,这据定义,就是未来。因此,我们必须保留对应于**我们的未来**(即对于 $t \to +\infty$)达到平衡的描述。

在第一章里,我们提到过与面包师映射相联系的时间佯谬:面包师映射描述的动力学是时间可逆的,但不可逆过程却在统计层次出现。像在伯努利映射中一样,我们可以引入由 $\rho_{n+1}(x, y) = U\rho_n(x, y)$ 所定义的佩龙-弗罗贝尼乌斯算符 U。但存在着根本性的差异。一个普遍定理指出,对于可逆动力学系统,存在着仅包含"正经函数"的、在希尔伯特空间上定义的谱表示。[7] 而且,在这个谱表示中没有衰减,因为本征值为 mod 1。这种谱表示对面包师变换也存在,但对我们没有什么意义,因为它不提供任何与轨道相关的新信息,我们只不过回到 $\delta(x - x_{n+1})\delta(y - y_{n+1}) = U\delta(x - x_n)\delta(y - y_n)$,一个等价于轨道描述的解。[8]

为了获得附加信息,如同我们对伯努利映射所做的,我们必须走出希尔伯特空间。就最近才得到的广义空间的谱表示而言,本征值与伯努利映射中的 $1/2^m$ 相同。[9] 本征函数像伯努利映射中的 $\tilde{B}_n(x)$ 那样是奇异函数。这些表示再次是不可约的,它们仅适用于适当的检验函数,这迫使我们把我们自己限于连续分布函数,用奇异 δ 函数表示描述的单轨道除外。像伯努利映射情形一样,个体描述与统计描述之间的等价性被打破了,统计描述只包含趋近于平衡,从而包含不可逆性。

然而,与伯努利映射相比,面包师映射有一个重要的新特点:佩龙-弗罗贝尼乌斯方程既适用于未来,也适用于过去($\rho_{n+1} = U\rho_n$ 和 $\rho_{n-1} = U^{-1}\rho_n$,这里 U^{-1} 是 U 的逆)。在希尔伯特空间谱表示的框架下,不论 n_1 和 n_2 的符号(正号指未来,负号指过去)是什么,均有 $U^{n_1+n_2} = U^{n_1}U^{n_2}$,所以这没有什么差异。希尔伯特空间可以描述为一个**动力学群**。相反,对于不可约谱表示,未来和过去之间存在着根本性的差异,U^n 的本征值表达为 $\left(\dfrac{1}{2^m}\right)^n = e^{-n(m\ln 2)}$。这个表达式对应于未来的衰减($n > 0$),以及过去的发散($n < 0$)。现在,存在着两种不同的谱表示,一个对应于未来,另一个对应于过去。包含于轨道描述(或希尔伯特空间)中的这两个时间方向现在被分开了。动力学群分成了两个**半群**。如上所述,根据我们所有不可逆过程都指向同一方向的观点,我们必须选择在我们自己的未来达到平衡的那个半群。自然本身由区分过去与未来的半群所描述,存在着一个时间之矢。结果,动力学与热力学之间的传统冲突被化解了。

总之,只要我们考虑轨道,谈论混沌定律似乎就是矛盾的,因为我们处理混沌中负的方面,诸如导致不可计算性和表观无规性的轨道的指数发散。当我们引入在所有时间都有效且可计算的概率描述时,情况会发生戏剧性的变化。因此,对于混沌系统而言,动力学定律必须在概率层次上进行表述。在上面研究的简单例子中,不可逆过程仅与李雅普诺夫时间相联系,然而我们的研究已扩展到更一般的映射,它们包括诸如扩散过程和其他诸如各种输运过程的不可逆现象。[10]

IV

第一章提到,统计描述成功地应用于确定性混沌,源于它考虑了相空间中复杂的微结构。在相空间的每一个有限区域中,都存在指数发散轨道。李雅普诺夫指数的定义包含相邻轨道的比较。引人注目的是,不可逆性已出现在仅包含几个自由度的简单情况之中。它当然是对基于近似之上的不可逆性的拟人解释的一个打击,这些近似是我们自己假定引入的。这一解释在玻尔兹曼失败后得到表述,不幸的是今天仍然被广为传播。

诚然,若以无穷精度已知初始条件,则仍然存在轨道描述。但是这不对应于任何现实情况。无论何时我们完成实验,通过计算机也好,通过某些其他手段也罢,我们所处理情况的初始条件都只能以有限精度给出,且对混沌系统而言,导致了时间对称性破缺。同理,我们也可以设想无穷速度,从而不再需要建立于最大速度(即真空中的光速c)存在之上的相对论。但是,速度大于c的此种假设不对应于任何已知的可观测实在。

映射是不能抓住时间之真正连续性的理想化模型。我们现在要把注意力转向较为现实的情况,转向对我们来说将具有特殊重要性的不可积庞加莱系统。在那里,个体描述(轨道或波函数)与统计描述之间的破裂更加惊人。对于这些系统,拉普拉斯妖无能为力,不管它对现在的了解是有限的还是无穷的。未来不再是给定的未来,用法国诗人瓦莱里(Paul Valéry)的说法,它变成了"构造"。

第五章

超越牛顿定律

I

我们在第四章分析了表示简化模型的映射,现在提出我们探讨的核心问题:不稳定性和持续相互作用在经典力学和量子力学框架下起什么作用?经典力学是我们确定性的、时间可逆的自然描述之信念赖以建立的学科。要回答这一问题,我们首先必须与牛顿定律交手,与那些300年来支配理论物理学的方程交手。

在处理原子和基本粒子时,经典力学没有量子力学有效。相对论表明,经典力学在处理高能物理或宇宙学问题时也必须得到修正。无论如何,我们要么引入个体描述(用轨道、波函数或场来表示),要么引入统计描述。值得注意的是,在所有层次上,不稳定性和不可积性都打破了这两种描述间的等价性。因此,我们必须依据我们置身其中的开放的、演化的宇宙来修正物理学定律的表述。

如上所述,我们认为,经典力学是不完备的,因为它未包括与熵增加相联系的不可逆过程。为了在其表述中包括这些过程,我们必须包含不稳定性和不可积性。可积系统是例外。从三体问题开始,大部分动力学系统都是不可积的。对于可积系统,建立在牛顿定律基础上的轨道描述与建立在系综基础上的统计描述,这两种描述方式是等价的。对于不可积系统,就并非如此。甚至在经典动力学中,我们都不得不使用吉布斯统计方法(见第一章第Ⅲ节)。我们在第三章第Ⅰ节看到,正是这一方法导出平衡热力学的动力学诠释。所以十分自然,我们还不得不采用统计描述,以包含驱使系统趋向平衡的不可逆过程。这样一来,我们可以把不可逆性吸收到动力学之中。结果,在统计描述的层次上出现了自洽地纳入动力学的非牛顿贡献。而且,这些新贡献使时间对称性破缺。因此,我们用得到的动力学概率表述可以解决时间可逆动力学与有时间方向的热力学观点之间的冲突。

我们深知,这一步代表了与过去的决然背离。轨道总是被视为本原的、基本的交易工具。现在这种观点已不再正确。借用量子力学的术语(参见第Ⅶ节),我们将遇到轨道"坍缩"的情况。

事后看来,我们不得不放弃了轨道描述并不令人感到惊奇。在第一章我们看到,不可积性由共振所致,共振表达了频率必须满足的条件。共振不是发生在空间中的给定点和时间上的给定时刻的局域事件。它们如此这般引入了对于局域轨道描述完全是外来的某些元素。然而,我们需要一种统计描述,以便在我们预期不可逆过程和熵增加的情况下来表述动力学。此种情况毕竟才是我们在周围世界中所见到的情况。

正如怀特海、柏格森和波普尔所设想的那样,非决定论现在出现于物理学中了。这不再是某种先验形而上学选择的结果,而是不稳定动力学系统所需的统计描述。过去几十年里,许多科学家提出了量子理论的重新表述或者扩展。但是,完全意想不到的是,我们现在有必要对经典力学加以扩展;甚至更加意想不到的是,经典力学的这种修正可以引导我们扩展量子理论。

II

我们在着手修正牛顿定律之前,先概括一下经典力学的基本概念。考虑质量为 m 的质点运动,随着时间的推移,它的轨道通过其位置 $r(t)$、速度 $v = dr/dt$ 以及加速度 $a = d^2r/dt^2$ 进行描述。牛顿基本方程通过表达式 $F = ma$ 把加速度 a 与力 F 联系起来。这个表达式包含经典惯性原理,即若没有力,则没有加速度,速度保持不变。当我们从一个观察者走向相对于第一个观察者做匀速直线运动的另一个观察者时,牛顿方程保持不变。这被称为伽利略不变性。在第八章我们将看到,它已被相对论深刻改变了。这里,我们只处理非相对论性牛顿物理学。

我们看到,时间仅通过一个二阶导数进入牛顿方程。也就是说,牛顿时间是可逆的,未来和过去被认为起相同作用。而且,牛顿定律是确定性的。

现在考虑更一般的情形,由 N 个粒子组成的系统。在三维空间里,我们有 $3N$ 个坐标 $q_1, \cdots, q_{3N}$ 和 $3N$ 个相应的速度 $v_1, \cdots, v_{3N}$。在现代动力学表述中,我们通常把坐标和速度(或者动量 $p_1, \cdots, p_{3N}$,在简单情况下 $p = mv$)均视为自变量。第一章提到,动力学系统的态与相空间中的点相联系,它的运动与相空间中的轨道相联系。经典动力学中最重要的量是哈密顿量 H,它定义为用变量 q 和 p 所表示的系统的能量。一般来说,H 是动能 $E_{kin}(p)$ 和势能 $V(q)$ 之和(p 或 q 代表所有自变量的集合)。

一旦我们得到了哈密顿量 $H(p, q)$,就能够推导出运动方程,它确定坐标和动量随时间推移的演化。力学专业的所有大学生都很熟悉这一步骤。从哈密顿量导出的运动方程称为**正则**运动方程。牛顿方程是二阶的,即包含二阶时间导数;哈密顿方程与牛顿方程不同,它们是一阶的。对于单个自由粒子，$H = \dfrac{p^2}{2m}$，动量 p 随时间不变，坐标随时间呈线性变化，$q = q_0 + \dfrac{p}{m}t$。依照定义，对于可积系统，哈密顿量只可用动量来表达（如果有必要，可适当改换变量）。庞加莱研究了形如 $H = H_0(p) + \lambda V(q)$ 的哈密顿量，即可积部分（"自由哈密顿量"H_0）与相互作用所致的势能之和（λ 是后面要用到的标度无关因子）。他证明，这类哈密顿量通常不是可积的，这意味着，我们不能消除相互作用和回到独立单位。我们在第一章提到，不可积性由与庞加莱共振相联系的发散分母所致。作为庞加莱共振的结果，我们不能解出运动方程（至少不能用耦合常数 λ 的幂级数形式表示）。

在下文里，我们感兴趣的主要是不可积的大庞加莱系统（简称 LPS）。我们已经看到，庞加莱共振与对应于各种运动模式的频率相联系。频率 ω_k 依赖于波长 k。（以光为例，紫外光与红外光相比，有较高的频率 ω 和较短的波长 k。）我们考虑频率随波长不断变化的不可积系统时，满足 LPS 的定义。系统所占据的体积足够大，大到表面效应可以忽略不计时，即满足这个条件。这就是为什么我们把这些系统叫做大庞加莱系统的原因。

LPS 的一个简单例子，是一个频率为 ω_1 的振子与一个给定场耦合之间的相互作用。在我们这个收音机和电视机的世纪里，我们都听说过电磁波这个词。电磁波的幅度由场确定，场由位置和时间的函数 $\varphi(x, t)$ 描述。如 20 世纪初所确立的，场可以认为是频率为 ω_k 的振荡的叠加，其波长 k 从系统本身的大小改变到基本粒子的尺度。在我们所考虑的振子—场相互作用中，每当场的频率 ω_k 等于振子频率 ω_1 时，就会发生共振。只要 $\omega_1 = \omega_k$，在我们求解振子与场相互作用的运动方程时，就会遇到庞加莱共振 $\dfrac{1}{\omega_1 - \omega_k}$，它对应于发散。也就是说，当分母为零时,这些项趋于无穷大,而变得无意义。我们将看到,我们可以在统计描述中消除这些发散。

庞加莱共振导出一种混沌形式。事实上,大量计算机模拟表明,庞加莱共振导致随机轨道的出现,犹如确定性混沌的情形。在这种意义上,确定性混沌与庞加莱不可积性之间存在着惊人的相似之处。

III

像前几章所做的那样,我们将考察概率分布 $\rho(q, p, t)$,它的时间演化很容易从正则运动方程推导出来。我们现在所处状况与对混沌映射相同,即用与佩龙-弗罗贝尼乌斯算符相联系的统计描述,代替运动方程。在经典力学中,我们还遇到称为刘维尔算符 L 的演化算符,它通过方程 $i\frac{\partial \rho}{\partial t} = L\rho$ 确定 ρ 的演化。ρ 的时间变化通过算符 L 作用于 ρ 上而获得。若分布函数是时间无关的 $\frac{\partial \rho}{\partial t} = 0$,则 $L\rho = 0$,这对应于热力学平衡。这样,如在第三章第 I 节中所看到的,ρ 仅依赖于能量(或哈密顿量),它是一个运动不变量。

像在第四章对混沌系统所作的解释那样,在统计层次求解动力学问题需要确定 L 的谱分解。因此,我们必须确定 L 的本征函数和本征值。我们看到,谱分解依赖于我们在希尔伯特空间里用过(且对可积系统仍然适用)的"正经"函数空间。按照基础教科书中一个很重要的定理,算符 L 在希尔伯特空间里有实本征值 l_n,时间演化证明是振荡项的叠加。实际上,刘维尔方程的形式解是 $\rho(t) = \exp(-itL)\rho(0)$,振荡项 $\exp(-itl_n) = \cos tl_n - i\sin tl_n$ 与本征值 l_n 相联系,未来和过去在其中起着相同的作用。为包括不可逆性,我们需要像 $l_n = \omega_n - i\gamma_n$ 这样的复本征值。于是,这将产生对时间演化的指数衰减 $e^{-\gamma_n t}$,它在未来($t>0$)减小,而在过去($t<0$)增加,从而时间对称性被打破。

但是,获得复本征值只有在我们离开希尔伯特空间才是可能的。现在,我们的主要目标是理解我们必须这么做的物理原因。这来自自然界中存在**持续**相互作用这个无可逃避的事实。[1] 我们考虑我们置身于其中的这个房间时,大气中的分子在不断地碰撞,这与诸如真空中有限数目的分子的**瞬时**相互作用完全不同。从而,大气中的分子在有限长的时间里相互作用,最终会逸入无穷。持续相互作用与瞬时相互作用之间的区别在从经典动力学向热力学的迁变中有至关重要的意义。经典动力学抽取一定数目的粒子,孤立地考察它们的运动,在相互作用永不停止时产生不可逆性。概言之,动力学在我们孤立地考察有限数目分子这个意义上对应于还原论观点;不可逆性则产生于一种更为整体的观点,其中,我们把大量粒子所驱动的系统视为一个整体。要使这一区别更加清楚,我们将证明为什么需要奇异分布函数,且必须离开希尔伯特空间。

IV

瞬时相互作用可以用**定域**分布函数来描述。要描述像大气这样大的空间里的持续相互作用,我们需要**退定域**分布函数。为了更准确地确定定域分布函数与退定域分布函数 ρ 之间的区别,我们从一个简单的例子着手。在一维系统里,坐标 x 从 $-\infty$ 延伸到 $+\infty$,定域分布函数集中在这条线的有限区段上。一个特殊情况是定域在一个给定点上且随时间沿线运动的单个轨道。相反,退定域分布函数则扩展到整条线。这两类函数描述不同的情况。作为一个例子,我们考虑**散射**。在通常的散射实验中,我们制备一束粒子并将其射向障碍物(即散射"中心"),于是,我们有图5.1所示的3个阶段。

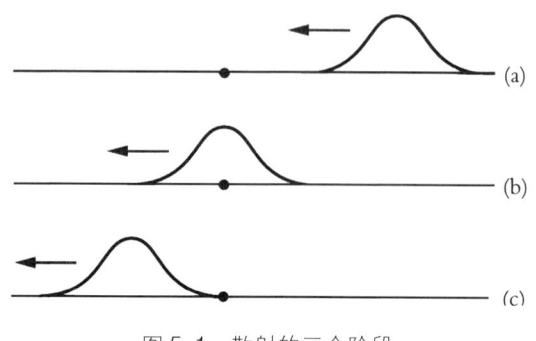

图 5.1 散射的三个阶段

(a)粒子束接近散射中心;(b)粒子束与散射中心相互作用;(c)粒子束重新自由运动。

在这个实验里,粒子束首先到达散射中心,然后与散射中心相互作用,最后又呈自由运动。这里,重要之点在于,相互作用过程是瞬时的。相反,对于退定域分布,粒子束扩展到整条轴,则散射既无开始亦无终止,于是我们有了所谓持续散射。

在物理学史中,瞬时散射实验起了很重要的作用,它使我们得以研究基本粒子之间的相互作用,例如质子和电子间的相互作用。然而,在许多情况下,特别在像气体和液体这样的宏观系统内,我们有持续相互作用,因为碰撞永不停止。总之,瞬时相互作用与定域分布函数(如轨道)相关联;而持续相互作用与扩展到整个系统的退定域分布相关联。

热力学系统由持续相互作用所表征,因而必须用退定域分布来描述。为了刻画热力学系统,我们必须考虑**热力学极限**,即在粒子数 N 和体积 V 都增加的情况下,它们的比(即浓度 N/V)保持不变。尽管形式上我们考虑极限 $N\to\infty$,$V\to\infty$,当然,根本不存在粒子数目无穷多的动力学系统(宇宙也不例外)。但这个极限只不过意味着,用 $\frac{1}{N}$ 或 $\frac{1}{V}$ 项描述的表面效应可以被忽略。在所有宏观物理学中,热力学极限起着核心作用。没有这一概念,我们甚至不能定义物质的状态,诸如气态、液态或固态,不能描述这些物态之间的相变,也不能区分第二章讨论过的近平衡和远离平衡这两种情况。

现在我们来解释,为什么退定域分布函数的引入迫使我们离开那类正经函数,从而离开希尔伯特空间。为了做到这一点,我们必须考虑几个初等数学概念。首先,每一位数学专业的大学生都熟悉周期函数,如 $\sin \frac{2\pi x}{\lambda}$。当我们给坐标 x 加上波长 λ 时,这一函数保持不变,因为

$$\sin \frac{2\pi x}{\lambda} = \sin \frac{2\pi(x+\lambda)}{\lambda}。$$

其他的周期函数是 $\cos \frac{2\pi x}{\lambda}$,或是它们的复组合

$$e^{i\frac{2\pi x}{\lambda}} = \cos \frac{2\pi x}{\lambda} + i\sin \frac{2\pi x}{\lambda}。$$

我们通常用波矢 $k = \frac{2\pi}{\lambda}$ 代替波长 λ,并把指数 e^{ikx} 称为平面波。

其次,傅里叶级数(或傅里叶积分)的经典理论表明,坐标 x 的函数,比如 $f(x)$,可以表示为对应于波矢 k 的周期函数的叠加,或更特别地,可以把 $f(x)$ 表达为平面波 e^{ikx} 的叠加。在这一叠加中,每个平面波乘以幅度 $\varphi(k)$,$\varphi(k)$ 是 k 的函数。函数 $\varphi(k)$ 称为 $f(x)$ 的傅里叶变换。

简言之,我们可以从坐标 x 的函数 $f(x)$ 的描述变换成用波矢 k 的描述 $\varphi(k)$,当然,逆变换同样可能。注意到 $f(x)$ 与 $\varphi(k)$ 之间存在着一种对偶性亦很重要。若 $f(x)$ 延拓一个空间间隔 Δx(而在间隔外为零),则 $\varphi(x)$ 延拓"谱"间隔 $\Delta k \sim \frac{1}{\Delta x}$。当空间间隔 Δx 增加时,谱间隔 Δk 减

小,反之亦然。[2]

在第一章第Ⅲ节和第三章第Ⅱ节,我们定义了奇异函数 $\delta(x)$。如我们所见,$\delta(x)$ 仅在 $x=0$ 处不等于0,从而谱间隔 Δx 等于0,且当 $\Delta k \sim \frac{1}{\Delta x}$ 时,谱间隔是无穷大。相反,退定域函数在 $\Delta x \to \infty$ 时导致了以 k 为自变量的奇异函数,例如 $\delta(k)$。所以,退定域分布函数对于描述持续相互作用是一个要素。在平衡时,分布函数 ρ 是哈密顿量 H 的函数(见第三章第Ⅰ节)。哈密顿量包含动能,动能是动量 p 的函数而不是坐标的函数。因此,哈密顿量包含具有奇异傅里叶变换的一个退定域部分。这样,奇异函数在我们的动力学描述中扮演着一个重要角色并不令人感到惊异。事实上,正是我们对这些函数的需求迫使我们离开希尔伯特空间。是哈密顿量的函数的**平衡**分布,已经处于希尔伯特空间之外了。

V

我们现在借助刘维尔算符(参见第Ⅲ节)将统计描述与轨道描述进行比较。我们感到很意外,这是由于统计描述引入了完全不同的一些概念,甚至在我们考虑的沿一条直线运动的自由粒子最简单的情况下已经显而易见。我们在第Ⅱ节看到,粒子的坐标 q 随时间呈线性变化,而动量 p 则保持不变。相反,统计描述用与 q 的傅里叶变换相联系的波矢 k 和动量 p 来定义。我们研究声学或光学问题时经常涉及波矢,但是在这里,波矢出现在动力学问题中了。原因是,对于自由粒子,刘维尔算符 L 仅是一个导数算符,$L = \frac{ip}{m}\frac{\partial}{\partial x}$。我们在第四章第Ⅰ节注意到,本征函数是指数 $\exp(ikx)$,本征值是 $\frac{pk}{m}$。因为 $\exp(ikx) = \cos kx +$

$i\sin kx$,所以本征函数 $\exp(ikx)$ 是周期函数。与定域于单个点上的轨道形成鲜明对照的是,它扩展到整个空间。在统计表述中,就自由粒子而言,运动方程的解可以通过平面波的叠加而得到。当然,在这个简单例子中,这两种描述预期是等价的。运用傅里叶变换理论,我们可以用平面波来重建轨道(参见图 5.2)。因为轨道集中在一点,我们必须延拓整个谱间隔($\Delta k \to \infty$)来叠加平面波。

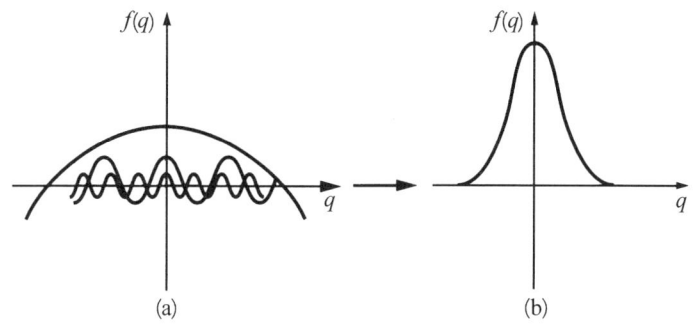

图 5.2 平面波的叠加

通过相长干涉由平面波的叠加而产生的轨道,得到一个在 $q = 0$ 附近有尖峰的函数。

结果,当 $q = q_0$ 时,平面波的幅度通过**相长**干涉而增加;而当 $q \neq q_0$ 时,它们通过**相消**干涉而消失。在可积系统里,波矢 k 不随时间而变化。通过叠加平面波,我们可以在任一时刻重建轨道。但这里考虑的重要之点是,轨道不再是一个原始概念,而是一个作为平面波的结构的导出概念。因此可以设想,共振能够威胁产生轨道的相长干涉。只要轨道还被作为一个原始的、不可约的概念,这便无法加以考虑。已知由相空间中的点表示的轨道,我们可见,轨道坍缩对应于一个点随时间分解为多个点的情形,恰如我们在第一章分析过的扩散过程。于是也像扩散过程那样,同样的初始条件会导致多个轨道。

刘维尔算符的本征值 kp/m 对应于庞加莱共振中出现的频率。它们依赖于 k 和 p，而不依赖于坐标。因而，运用波矢 k 是讨论庞加莱共振所起作用的一个合理出发点。运用平面波，我们不仅能描述轨道（它们对应于瞬时相互作用），而且还能够描述退定域情况。如我们所见，这将导致波矢 k 中的奇异函数。我们现在用波矢的语言来考察相互作用对统计描述的影响。

VI

假定哈密顿量中的势能 V 为二粒子相互作用之和，则它满足充分确立的下述定理：粒子 j 和粒子 n 之间的相互作用修正两个波矢 k_j 和 k_n，但它们的和守恒。这里有守恒律：$k_j + k_n = k'_j + k'_n$，其中 k'_j 和 k'_n 是相互作用后的波矢。[3]

考虑由自由运动所分开的逐次事件，我们能够在统计形式内用图解方法来描述动力学演化。在每个事件处，波矢 k 和动量 p 均被修正，但它们在事件之间保持守恒。我们现在更详细地考察这些事件的特性。

在第三章第 I 节，我们引入了关联概念，现在我们将以更大的精度定义它。分布函数 $\rho(q, p, t)$ 既依赖于坐标也依赖于动量。若我们把这一函数对坐标求积分，则会失去关于粒子在空间中位置（从而关于关联）的所有信息。我们得到函数 $\rho_0(p, t)$，它仅提供关于动量的信息，所以 ρ_0 称为**关联真空**。另一方面，对除了粒子 i 和 j 的坐标 q_i 和 q_j 以外的所有坐标求积分，我们保留关于粒子 i 和 j 之间可能的关联的信息，这样的函数 ρ_2 称为二粒子关联。同理，我们可以定义三粒子关联等等。在统计描述中，用波矢取代通过其傅里叶变换依赖于分布函数的坐标很重要，因为波矢出现于刘维尔算符的谱分解之中。

现在,我们将考虑波矢守恒律。其中,每一个事件可以用有两条入线 k_j、k_n 和两条出线 k'_j、k'_n 的点表示,且 $k_j + k_n = k'_j + k'_n$。另外,在每一点处,相互作用粒子的动量 p 都有所改变,导数算符 $\frac{\partial}{\partial p}$ 出现。图 5.3 所示为这种最简单的事件。

图 5.3　传播图

对应于两个粒子相互作用的动力学事件从波矢 k_j, k_n 变成 k'_j, k'_n。

我们把图 5.3 所示的图叫做传播事件或传播图。它对应于粒子 j 和 n 之间二粒子关联 ρ_2 的修正。但我们也可以从其中 $k_j = k_n = 0$ 的关联真空 ρ_0 出发,产生二粒子关联 ρ_{k_j, k_n},且用 $k_j + k_n = 0$ 保持波矢之和守恒(参见图 5.4)。于是,我们有所谓关联产生图或产生片断。我们也有如图 5.5 所示的消灭片断,它把二粒子关联变换成关联真空。[4]

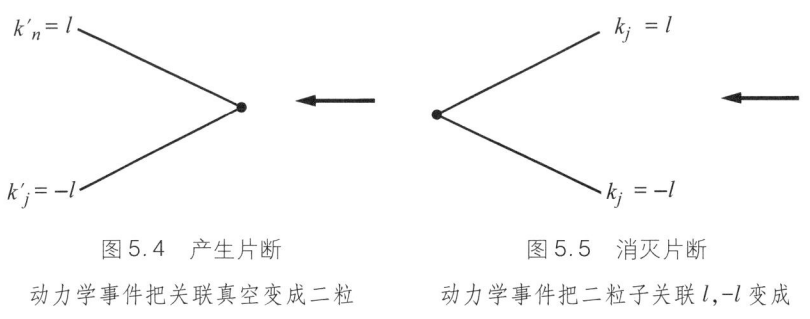

图 5.4　产生片断

动力学事件把关联真空变成二粒子关联 l, $-l$。

图 5.5　消灭片断

动力学事件把二粒子关联 l, $-l$ 变成关联真空。

我们现在开始把动力学视为**关联的历史**。例如,图 5.6 表示从关联真空开始的五粒子关联的出现,与相互作用相关联的事件产生关联。

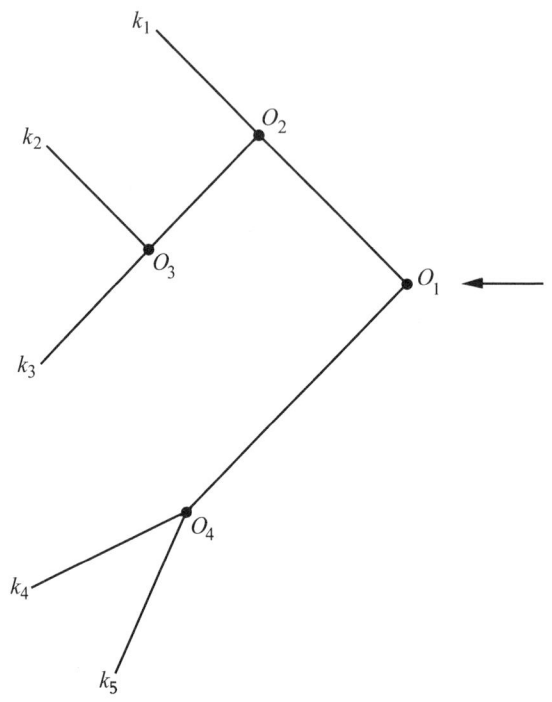

图 5.6 关联演化

在点 O_1, O_2, O_3, O_4 的 4 个事件把关联真空变换成五粒子关联。

现在,我们能够把庞加莱共振效应引入到动力学的统计描述之中。庞加莱共振与动力学过程耦合,恰似共鸣在音乐里与谐波耦合。在我们的描述中,庞加莱共振与产生片断和消灭片断耦合(参见图 5.7),产生起始于给定关联态(关联真空仅仅是一个例子)且最终返回**相同**关联态的**新**动力学过程。在图 5.7 里,这些动力学过程描绘为气泡。关联态受到保护,而动量分布改变(记住每一个涡旋引入一个导数算符 $\frac{\partial}{\partial p}$)。

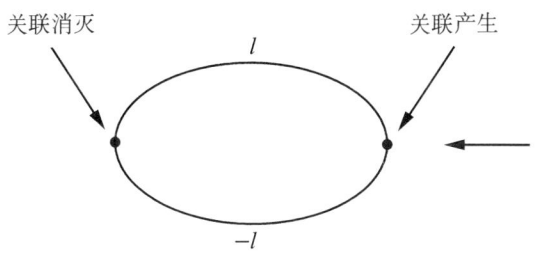

图5.7 庞加莱共振产生的气泡

庞加莱共振把关联产生和关联消灭耦合起来,产生扩散。

这些气泡对应于必须**作为一个整体**加以考虑的事件,它们引入了**非牛顿**因素,因为,在轨道理论中不存在类似的此种过程。这些新过程对动力学有显著的影响,因为它们打破了时间对称性。实际上,这些过程导致了总是在不可逆过程的唯象理论(包括玻尔兹曼动理学方程)中猜测的那类扩散。为了表示与唯象描述并列的概念,我们把作用于分布函数上的这些新因素称为**碰撞算符**。*

我们的方案包含通常的动理学理论,但只把它作为一个特例。如麦克斯韦所引入的,这一理论传统上主要围绕速度分布的演化,其中若在初始时刻施加扰动,仅仅几次碰撞就足以重建平衡。我们的方案与之相反,考虑与越来越多粒子相关联的越来越高关联的渐次建立。这一过程需要长的时间尺度,与多年来得到的数值模拟一致。[5] 结果,不可

---

* 我们在第一章第Ⅲ节看到,频率之间的庞加莱共振导致小分母发散。这里动量为 p 的粒子的频率为 kp/m,k 是波矢(参见第Ⅳ节)。对于 LPS,k 是连续变量,我们能够避免发散并用 δ 函数表示共振。这涉及与解析延拓相联系的一个数学分支(见本章注释中的文献)。对于二体过程,δ 函数的辐角是 $\frac{k}{m}(p_1 - p_2)$,由此得到每当频率 $\frac{kp_1}{m}$ 和 $\frac{kp_2}{m}$ 相等时的贡献,否则为零。因此,波矢 $k = 0$ 在 δ 函数的辐角为零中,起着特别重要的作用,记住,当 $x = 0$ 时,$\delta(x) = \infty$,当 $x \neq 0$ 时,$\delta(x) = 0$。零波矢 k 对应于无穷波长,从而对应于**空间中的退定域**过程。所以,庞加莱共振不能被包括在轨道描述之中。

逆性导致显著改变宏观物理学的长记忆效应。[6]

许多超出传统动理学理论的新成果已经获得。然而，介绍这些成果超出了本书的范围，它们将在另一本著作中得到详细介绍。[7]

我们正开始理解不可逆性的真正含义，这一句话就够了。我们来考虑衰老过程的简单类比。在我们的时间尺度上，组成我们身体的原子是不朽的，变化的是原子与分子之间的关系。在此意义上，衰老是群体的特性，而不是个体的特性。这对无生命世界同样成立。

VII

现在回到我们的原目标，即用分布函数 ρ 在统计层次上求解动力学问题。对于确定性混沌，这个解就是演化算符的谱表示，它在经典动力学中就是刘维尔算符。我们先考虑与导致奇异函数的持续相互作用相联系的退定域分布函数（参见第III、第IV节）。结果，我们必须离开受限于定域正经函数的希尔伯特空间。然后，如第VI节所见，我们引入导致与扩散相关联的新动力学过程的庞加莱共振。

一旦我们把这两个特点考虑进去，将会得到不可约的复杂的谱表示。进而言之，**复杂**意味着时间对称性被打破；**不可约**意味着我们不能回到轨道描述。动力学定律现在有了新含义。通过结合不可逆性，它们不表达确定性，而表达概然性。只有当我们放松我们的条件，考虑与有限数目粒子相联系的定域分布函数，我们才能恢复牛顿轨道描述，但扩散过程通常占主导地位。

因此，在许多情形中，我们曾预期偏离牛顿物理学，这些预言已被广泛的计算机模拟所证实。在第IV节，我们引入了热力学极限，即当粒子数 $N \to \infty$，体积 $V \to \infty$ 时，浓度 N/V 保持不变。在热力学极限下，相互作用不断继续，从而只能应用统计描述。大量的数值模拟表明，即使我们从涉及粒子数渐增的轨道开始,则扩散过程接替,轨道"坍缩",因为随着时间的推移,它将变换成一个退定域奇异分布函数。[8]

我们的新动理学理论在描述所有时间尺度的耗散过程方面,如实验室或生态圈里所观测到的,都具有重大的意义。但这只是它众多新特征中的一个。由于庞加莱共振,本节描述的动力学过程产生了长程关联,即使粒子之间的力是短程的,唯一的例外是平衡态,其关联范围由粒子间的力程所确定。这解释了第二章所述的事实,非平衡产生新的相干性,这一点已被化学振荡和流体力学中的流体流动所证实。我们现在认识到,平衡物理学给了我们一个错误的物质图像。我们再次看到,物质在平衡态下是"盲目的",而在非平衡态下才开始"看见"。

总之,我们现在能够超越牛顿力学。经典力学中所用的轨道描述的有效性受到严格限制,热力学和轨道描述不相容,因为它需要在平衡和离开平衡时的统计方法。对应于我们周围现象的绝大部分动力学系统都是 LPS,这一事实正是热力学普遍有效的原因。瞬时动力学相互作用,如**散射**,并不代表我们在自然界(其中相互作用是持续相互作用)所遇到的情况。作为庞加莱共振的结果,产生于我们统计描述中的碰撞过程至关重要,它们使时间对称性破缺,并使演化模式与热力学描述相一致。

与热力学相联系的自然之微观描述,与科学家们传统上从牛顿原理得到的舒适的、时间对称的描述没有什么关系。我们所描述的自然,是一个涨落的、嘈杂的、混沌的世界,一个更近似于希腊原子论者所设想的世界。在第一章,我们描述了伊壁鸠鲁的二难推理,他所设想的倾向不再属于物理学之外的哲学梦了,它正是动力学不稳定性的表达。

当然,动力学不稳定性只是提供产生自然演化模式的必要条件。一旦我们完成了我们的统计描述,就还能表述观察复杂性——在宏观层次上的耗散结构——突现所需的附加因素。我们现在开始认识组织的动力学之源，认识对自组织和生命出现皆至关重要的复杂性的动力学根源。

第六章

量子理论的统一表述

I

经典牛顿动力学与量子理论之间存在着根本性差异,但在这两种情形中,却都存在用轨道或波函数的个体描述(参见第一章第Ⅳ节)和用概率分布的统计描述。我们看到,庞加莱共振既出现于经典理论也出现于量子理论之中。因此,我们期望,我们在经典力学中获得的结果也将适用于量子理论。实际上,在这两种情况下,我们都实现了适用于希尔伯特空间之外的 LPS 新的统计表述,这一描述包含时间对称性破缺,且对于用量子波函数的个体描述是不可约的。

尽管量子理论取得了惊人的成功,但关于其概念基础的讨论不但未减弱,而且仍像 70 年前一样热烈。

例如,彭罗斯在他的新著《心智之影》里区分了量子性态中的"Z 谜"(对量子**疑难**而言)和"X 谜"(对量子**佯谬**而言)。[1] 而且,非定域性的作用似乎颇令人生疑。已知定域性是与牛顿逐点轨道描述相联系的一种属性,所以包含物质的波方面的量子理论产生一种非定域性形式就不令人惊奇了。[2]

似乎需要量子理论的二元表述的波函数的"坍缩",具有更深刻的意义。一方面,我们有对于波函数的基本薛定谔方程,它和牛顿方程一样是时间可逆的和确定性的;另一方面,我们有与不可逆性和波函数的坍缩相联系的测量过程。这种二元结构正是冯·诺伊曼在他的名著《量子力学数学基础》中论证的基础。[3] 这种情况确实奇异,因为,除了时间可逆的、确定性的基本薛定谔方程之外,还存在一个与波函数的坍缩(或归约)相联系的第二动力学定律。但是迄今为止,既没有人能够描述这两个量子理论定律之间的联系,又没有人成功地给出波函数归约的实在论解释。这就是**量子佯谬**。

　　导源于量子理论二元结构的量子佯谬,与另一个难题紧密联系在一起。我们的结论是,量子理论是不完备的。量子理论像经典轨道理论一样是时间对称的,从而不能描述诸如趋近热力学平衡的不可逆过程。这之所以特别奇怪,是因为量子理论肇始于 1900 年普朗克(Max Planck)成功地描述了黑体辐射与物质的平衡。甚至今天,尽管有爱因斯坦和狄拉克(Paul A. M. Dirac)取得的巨大进展,我们却仍然没有精确的量子理论来描述辐射与物质相互作用时对平衡的趋近。(我们将看到,这与量子理论描述可积系统相关。我们将在第Ⅳ节回应这一挑战。)我们既需要平衡物理学也需要非平衡物理学来描述我们周围的世界。平衡情形的一个例子是源于接近大爆炸时刻的著名的 3K 剩余黑体辐射。宏观物理学的大部分都涉及平衡系统,无论它们是固态、液态还是气态,所以,在量子理论与热力学之间存在着像经典理论与热力学之间一样深的鸿沟。令人惊奇的是,第五章中扩展经典力学所用的同一种方法也使我们用来统一量子理论和热力学。事实上,我们的方案消除了量子力学的二元结构,从而消除了量子佯谬。我们获得了量子理论的实在论诠释,因为从波函数到系综的转变现在可以被认为是庞加莱共振的结果,既不需要"观察者"的神秘介入,也不需要引入其他不可控制的假设。与第一章提到的其他扩展量子理论的建议相比,我们自己的方案能作出可检验的明确预言。并且,这些预言已为所完成的每一项数值模拟所证实。[4]

尽管我们的方案构成一种向实在论的回归,但它肯定不意味着回到决定论。相反,我们甚至离经典物理学的决定论观点更远。我们赞同波普尔的观点:"我自己的观点是,非决定论与实在论是相容的,承认这一事实促使我们采用整个量子理论一致的客观的认识论,一种概率的客观论诠释。"因此,我们将力图把波普尔称为他的形而上学之梦的东西带入物理学范畴。波普尔写道:"世界可能就是非决定性的,即使不存在对它进行实验和干预它的观测主体。"[5] 所以,我们要表明,具有持续相互作用的不稳定动力学系统的量子理论,像经典系统中一样,产生一种既是统计的又是实在论的描述。在这种新表述中,基本量不再是对应于概率**幅**的波函数,而是**概率本身**。像经典物理学中一样,概率作为一个基本概念从量子力学中产生出来。在这一意义上,我们处在已延续几百年的"概率革命"胜利的前夕。概率不再是我们的无知所造成的一种心态,而是自然法则的结果。

II

对原子与光之间相互作用产生明确的吸收频率和发射频率的观测,是量子力学表述的出发点。原子被玻尔用离散能级所描述。根据实验数据(里兹-里德伯定则),谱线的频率是**两个能级之差**。一旦已知这些能级,我们就能预言谱线的频率。于是,光谱学问题可以简化为能级计算问题。但是,我们如何使对量子理论历史有深远影响的明确能级的存在与对经典理论如此重要的哈密顿量概念相一致呢?经典哈密顿量用坐标 q 和动量 p 表达动力学系统的能量,所以取一系列连续值,它不能产生离散能级。正是由于这一原因,在量子理论中,哈密顿量 H

被哈密顿算符 H_op 所取代。

我们已经反复使用过算符表述（佩龙-弗罗贝尼乌斯算符在第四章引入，刘维尔算符在第五章引入），但正是在量子理论中，算符分析被首次引入到物理学之中。在第四、第五章所研究的情形里，我们需要算符来获得统计描述；在这里，甚至对应于波函数的个体描述层次也需要算符表述。

量子力学中的基本问题是，确定哈密顿算符 H（在不混淆时我们将省略下标 op）的本征函数 u_α 和本征值 E_α。与能级的**观测值**相同的本征值 E_α 构成 H 的谱。当相继的本征值由有限距离所分开时，称为**离散谱**；若能级之间的间隔趋于零，则称为**连续谱**。对处于线度为 L 的一维盒中的自由粒子来说，能级间隔反比于 L^2。作为 $L\to\infty$ 的结果，这一间隔趋于零，从而我们得到连续谱。按照定义，LPS（大庞加莱系统）中的"大"的确切含义，是这些系统具有连续谱。如同经典理论一样，哈密顿量在这里是坐标和动量的函数。然而，由于哈密顿量现在是算符，所以这些量以及所有的动力学变量现在都必须作算符对待。

在今天的物理学家看来，发生在量子理论中从函数到算符的转变似乎十分自然。他们现在使用算符就像我们大多数人使用自然数那么容易，然而对于像荷兰科学家洛伦兹（Hendrik Antoon Lorentz）这样的经典物理学家来说，算符的引入断难接受，甚至令人反感。无论如何，勇敢地把算符表述引入物理学的海森伯、玻恩、约当（Pascual Jordan）、薛定谔和狄拉克等人值得我们赞赏。在确定一个物理量（由算符表示）与该物理量所取的数值（相应算符的本征值）之间的概念差异中，他们极大地改变了我们的自然之描述，这一观念的根本改变对我们的实在概念有深远的影响。

作为算符表述精致化的一个例子，我们来考虑两个算符间的对易关系。若两个算符作用在一个函数上的次序是无关紧要的，则这两个算符对易。反之,若它们的作用次序改变结果,则这两个算符不对易。例如,用 x 乘以函数 $f(x)$,然后对 x 求导数,不会得到与先对 $f(x)$ 求导数再乘以 x 相同的结果,这很容易验证。不对易的算符具有不同的本征函数;反之,对易的算符具有公共本征函数。

著名的海森伯**不确定性原理**,就是根据量子理论中所定义的坐标算符与动量算符不对易而得出的。在所有的量子力学教科书中都显示,在"坐标表象"中对应于坐标的算符 q_{op} 具有本征值,这些本征值是量子客体的坐标,所以算符 q_{op} 等同于经典坐标 q;而动量算符 p_{op} 被导数算符 $\frac{h}{i}\frac{\partial}{\partial q}$ 所定义,它是 q 的导数。所以,q_{op} 和 p_{op} 这两个算符不对易,它们没有公共的本征函数。[6] 在量子力学中,我们可以使用各种表象。除了坐标表象外,我们还有动量表象,在动量表象中,动量算符就是 p,坐标由导数算符 $\frac{h}{i}\frac{\partial}{\partial p}$ 表示。无论是什么表象,这两个算符都不对易。

算符 q_{op} 和 p_{op} 不对易这一事实意味着,我们不能确定坐标和动量均有明确值量子客体的状态。这是海森伯不确定性反应的根源,它迫使我们放弃经典物理学的"朴素实在论"。我们能够测量某个给定粒子的动量或者坐标,但我们不能说这个粒子的动量和坐标两者均有确定值。这一结论是海森伯和玻恩等人在 60 年前得出的。然而,关于不确定度关系含义的讨论仍在继续,甚至有一些科学家迄今仍然没有放弃恢复经典力学的传统确定性实在论的希望。[7] 这正是爱因斯坦不满意量子理论的一个原因。我们应当注意,海森伯不确定性原理与自然之确定性时间对称描述(即薛定谔方程)是相容的。

我们说量子系统处于一个特定的"态"的时候,是什么意思?在经典力学中,态是相空间的点。在量子理论中,态由波函数描述,其时间演化由薛定谔方程 $\frac{ih}{2\pi}\frac{\partial \Psi(t)}{\partial t} = H_{op}\Psi(t)$ 所表达。

这一方程将波函数 Ψ 的时间导数等同于作用在 Ψ 上的哈密顿算符。它不是推导出来的,而是一开始就假定的,故只能由实验来验证其有效。它是量子理论中的基本自然法则。* 注意它在形式上类似于第五章第Ⅲ节中的刘维尔方程。其基本差别是,刘维尔算符 L 作用在分布函数 ρ 上,而 H_{op} 作用在波函数上。

我们已经提到,波函数对应于概率幅。引导薛定谔表述他的方程的,是与经典光学的类比。与经典力学的轨道方程形成对照,薛定谔方程是波动方程。薛定谔方程是**偏**微分方程,因为除了时间导数之外,H_{op} 中还出现对坐标的导数(记住在坐标表象中,动量算符是对坐标求导数)。但经典方程和量子方程有一个共性:它们都对应于确定性的描述。一旦任意时刻 t_0 的 Ψ 已知,加上适当的边界条件(例如在无限远处 $\Psi \to 0$),我们就可以计算未来或过去任一时刻的 Ψ。在这一意义上,我们重建了经典力学的确定论观点,但它现在适用于波函数,而不适用于轨道。

像经典运动方程一样,薛定谔方程也是时间可逆的。当我们用 $-t$ 取代 t 时,该方程仍然成立。我们只需用其复共轭 Ψ^* 取代 Ψ。因而,如果我们观察 Ψ 从 t_1 时刻的 Ψ_1 到 t_2 时刻的 Ψ_2 的跃迁(其中 t_2 大于 t_1),我们也能够观察由 Ψ_2^* 向 Ψ_1^* 的跃迁。值得我们回想的是爱丁顿在量子力学早期的评论,他认为,量子概率是"通过引入沿相反时间方向传播的两个对称行波系统而获得的"。[8] 事实上,我们看到,薛定谔方程是描述概率幅演化的波动方程。若我们取薛定谔方程的复共轭,也就是用 $-i$ 取代 i,用 Ψ^* 取代 Ψ(假设 H_{op} 是实数),用 $-t$ 取代 t,则我们回到薛定谔方程。因此,正如爱丁顿所述,Ψ^* 可视为向过去传播的波

---

* 薛定谔方程和相对论性狄拉克方程有各种扩展,但是我们这里的讨论不需要它们。

函数。再者,如第一章所述,概率本身通过 Ψ 与其复共轭 Ψ^* 的乘积(即 $|\Psi|^2$)得到。由于 Ψ^* 可理解为在逆向时间上演化的 Ψ,所以概率的定义意味着两个时间(一个来自过去,一个来自未来)的相通。因此,在量子理论中,概率是时间对称的。

我们现在看到,尽管存在着根本性差异,经典力学和量子力学却都对应于确定性的、时间可逆的自然法则。在这些表述中,过去和未来没有区别。我们在第一、第二章注意到,这导致需要引入量子理论的二元表述所造成的时间佯谬。哈密顿量在经典理论和量子理论中都起核心作用。在量子理论中,它的本征值确定能级;而根据薛定谔方程,哈密顿量还确定波函数的时间演化。

像上一章中的情况一样,我们将关注,哈密顿量 H 是自由哈密顿量 H_0 与由相互作用所产生的一个项 λV 之和的系统,即 $H = H_0 + \lambda V$。于是,此种系统的时间历史可以描述为这些相互作用引起的 H_0 的本征态之间的跃迁。

只要我们仍然处在希尔伯特空间之中,H 的本征值 E_α 就是**实数**(像刘维尔算符,H 也是"厄米的",厄米算符在希尔伯特空间里有实本征值)。波函数的演化是 $\exp(-iE_\alpha t)$ 这样的振荡项的叠加。然而,在量子力学中仍然存在不可逆过程,诸如玻尔理论中的量子跃变,激发原子通过发射光子或不稳定粒子而衰变(见图 6.1),或者通过不稳定粒子衰变而衰变。

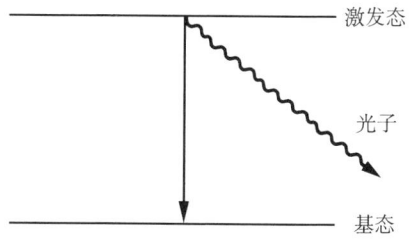

图 6.1 激发原子的衰变

随着光子的发射,原子从激发态"落到"基态。

在传统量子理论的框架里,这些过程如何包含在希尔伯特空间内呢?衰变过程出现于大系统中。若激发原子保持在空腔里,则发射电子将弹回,就不存在什么不可逆过程。我们看到,波函数的时间演化由振荡项叠加或振荡项之和来描述。这个和因大系统的限制而成为一个积分,故需要新的特性。在如图 6.1 所描述的激发原子衰变情形中,概率 $|\Psi|^2$ **几乎**随时间按指数衰变。**几乎**一词在这里至关重要:只要我们处在希尔伯特空间之中,无论对于很短时间(与电子绕原子核振荡的频率同数量级,即 $\sim 10^{-16}$ 秒),还是对于很长时间(比如说 10 至 100 倍激发态的寿命,即 $\sim 10^{-9}$ 秒),都存在与该指数的偏离。不过,尽管做了大量的实验研究,却尚未检测到对指数性态的偏离。这可真幸运,因为如果它们确实存在,将会给整个粒子物理学理论体系提出一系列严峻问题。

假定我们制备一束不稳定粒子,让其衰变;然后又制备第二束不稳定粒子。设想一下这样的怪异情形:不同时间制备的两束粒子具有不同的衰变定律,而且我们能够将它们区分开,犹如我们能够区别年长者和年幼者一样!这种怪事违背促使量子理论取得某些巨大成功*的基本粒子的不可分辨性原理。观测到的精确的指数性态,表明希尔伯特空间描述不当。我们将在下一节回到衰变过程,但这里我们应当注意,不要把此种过程与驱使系统趋向平衡的过程相混淆。图 6.1 所示的衰变过程只把原子的能量传递给光子。

III

我们看到,量子力学中的主要问题是求解哈密顿量的本征值,这一

---

* 这些成功包括超流体的解释和固态的量子理论。

问题只在少数量子系统中能够精确解出。为了做到这一点,我们通常需要采用微扰方法。如上所述,我们从形为 $H = H_0 + \lambda V$ 的哈密顿量出发,其中 H_0 相应于我们已经解出了本征值("自由"哈密顿量)的哈密顿算符,V 是通过所谓耦合常数 λ 与 H_0 耦合的微扰。我们假设已知本征值的解 $H_0 u_n^{(0)} = E_n^{(0)} u_n^{(0)}$,且希望求解方程 $H u_n = E_n u_n$,故标准步骤(即薛定谔微扰方法)是把本征值和本征函数都展开为耦合常数 λ 的幂级数形式。

微扰方法得到包括各阶 λ 方程的复现方案。这些方程的解意味着使用形如 $\dfrac{1}{E_n^{(0)} - E_m^{(0)}}$ 的项,当分母为零时它变成不定式。这一情形再次对应于共振*,我们又一次遇到位于不可积系统的庞加莱定义之核心的发散问题。

然而,这里存在着根本差别。我们已经介绍了离散谱与连续谱之间的区别。在量子力学中,这一区别变得很关键。事实上,当谱是离散谱时,通过适当选择不受微扰的哈密顿量**,通常能够避免发散难题。由于一切有限量子系统都具有离散谱,因而我们可以推断它们是可积的。

我们转向包含激发原子、散射系统等大的量子系统时,情形就大为改观了。在这种情况下,谱是连续谱,我们又回到了 LPS。第五章第 V 节提到的粒子与场耦合的例子也适用于量子系统。每当与粒子相关联的频率 ω_1 和与场相关联的频率 ω_k 相等时,就产生了共振。唯一的差别在于,频率在量子系统中与能量相联系。本征值 E_α 相应于频率 $\dfrac{h}{2\pi}\omega_\alpha$,其中 h 是普朗克常量。

---

* 在量子力学中,每个能量 E 相应于由 $E = (h/2\pi)\omega$ 所表达的频率 ω。

** 用更专业的术语来说,我们首先通过适当变换提高简并度。

图6.1相应于LPS的例子说明,每当两能级之间的能量差等于被发射光子的能量时,就会产生共振。

像第四章处理确定性混沌的情形那样,我们可以把本征值问题扩展到希尔伯特空间之外的奇异函数。薛定谔方程的形式解是 $\Psi(t) = U(t)\Psi(0)$,其中 $U(t) = e^{-iHt}$;$U(t)$ 是把时刻 t 的波函数值与初始时刻 $t=0$ 的波函数值相联系的演化算符。无论 t_1 和 t_2 的符号如何,都有 $U(t_1)U(t_2) = U(t_1+t_2)$,故未来和过去扮演着相同的角色。这一特性定义所谓动力学群。在希尔伯特空间之外,动力学群分裂为两个半群,从而存在相应于激发原子的两个函数:第一个函数 φ_1 在未来呈指数衰减($\varphi_1 \sim e^{-\frac{t}{\tau}}$);第二个函数 $\tilde{\varphi}_1$,在过去呈指数衰减($\tilde{\varphi}_1 \sim e^{\frac{t}{\tau}}$)。这两个半群中只有一个能在自然界实现。在这两种情形里,都存在**精确的**指数衰减(与上一节描述的近似指数衰减呈对照)。这是伯姆(Arno Böhm)和苏达尚(George Sudarshan)研究得到的第一个此种例子,他们表明,为获得精确的指数律,避免在第Ⅱ节提到的困难,希尔伯特空间必须被放弃。[9]然而,在他们的方案中,核心量仍然是概率幅,量子力学的基本佯谬(波函数坍缩)仍未解决。如上所述,激发原子或不稳定粒子的衰变仅相应于能量从一个系统(激发原子)向另一系统(光子)传递。趋向平衡要求对量子理论进行基本修正。像在经典力学中那样,我们不得不从与波函数相联系的个体描述走向与系综相联系的统计描述。

Ⅳ

与经典力学相比,在从个体描述向统计描述的转变中,量子理论引入某些特殊特征。我们在第五章已看到,统计分布函数是坐标和动量的函数。轨道对应于 δ 函数(参见第一章第Ⅲ节)。在量子力学中,与波函数相联系的量子态由自变量的连续函数来描述。我们不是取坐标作为自变量而考虑 $\Psi(q)$,就是取动量作为自变量而考虑 $\Psi(p)$。海森伯不确定性原理不允许我们同时取二者。所以,量子态的定义仅涉及经典态定义中所用变量的一半。

量子态 Ψ 代表概率**幅**,相应的概率 ρ 由两个概率幅 $\Psi(q)$ 和 $\Psi^*(q')$ 之积给出,故 ρ 是两组变量 q 和 q' 或者 p 和 p' 的函数,我们可以写作 $\rho(q, q')$ 或者 $\rho(p, p')$。第一式对应于坐标表象,第二式对应于动量表象,它们对我们特别有用。在量子力学中,概率 ρ 常常被称为"密度矩阵"(像在代数中学过的那样,矩阵也有两个指标)。已知 Ψ 的方程(薛定谔方程),我们不难写出 ρ 的演化方程。ρ 的演化方程是量子刘维尔方程,其显式为 $\frac{ih}{2\pi}\left(\frac{\partial \rho}{\partial t}\right) = H\rho - \rho H$,它是 ρ 与 H 的对易式。这表明,当 ρ 是 H 的函数时,我们有平衡情形。于是 $\partial \rho/\partial t = 0$,因为 H 与它自身的函数对易。

我们已考虑了相应于单个波函数的分布函数 ρ。我们还可考虑 ρ 相应于各种波函数"混合"的情形。刘维尔方程在这两种情形里保持不变。

对于可积系统,统计表述并没有引入新的特征。假设我们已知本征函数 $\varphi_\alpha(p)$ 和 H 的本征值 E_α,则 L 的本征函数是积 $\varphi_\alpha(p)\varphi_\beta(p')$,本征值是差 $E_\alpha - E_\beta$。推导 H 和 L 的谱表象问题是等价的。

L 的本征值 $E_\alpha - E_\beta$ 直接相应于光谱学中测得的频率,分布函数 ρ 的时间演化是振荡项 $e^{-i(E_\alpha - E_\beta)t}$ 的叠加,这里再一次没有趋向平衡的方案。而且,对于我们可以就哈密顿量推导本征值的那些情形,L 的本征函数,如 $\varphi_\alpha(p)\varphi_\alpha(p)$,对应于刘维尔算符的零本征值 $E_\alpha - E_\alpha = 0$,故为运动不变量。所以系统是可积的(如同非相互作用粒子的系统),且不能达到平衡。这是量子佯谬的一种形式。

我们现在清楚地看到,将波函数扩展到希尔伯特空间之外是不够的。如第Ⅲ节所指出的,这会得到一个形如 $E_\alpha = \omega_\alpha - i\gamma_\alpha$ 的复能量,其中 ω_α 是实部,γ_α 是描述激发原子或不稳定粒子衰变的寿命,但这仍然不能解释与趋向平衡相联系的不可逆过程。尽管 E_α 呈复数形式,但 ρ 的所有对角元都是积 $\varphi_\alpha(p)\varphi_\alpha(p')$,故它们都是不变量,因为本征值 $E_\alpha - E_\alpha$ 再次为零,系统仍为可积的且不能趋向平衡*。

玻尔原子理论及随后出现的量子理论的实验基础,建立于里兹-里德伯定则之上,按照这一定则,光谱学中测得的每个频率 ν 是代表两个量子能级的 E_α 和 E_β 这两数之差。然而,对于产生使系统趋向平衡的不可逆过程的系统,这不再成立。因此,量子理论必须得到根本性的修正。

从历史上看,力学的根基位于两个物理学分支:使普朗克于1900年引入他的著名常量的物质与辐射之间的热平衡,以及使里兹-里德伯定则到玻尔原子,最后由海森伯(1926)到量子理论的光谱学。然而,这两个领域之间的关系从未被阐明。我们看到,里兹-里德伯定则与普朗克的工作所描述的趋向热平衡不相容。因此,我们需要一个使热物理学与光谱学相容的新表述。这可以在概率分布层次上实现,由此我们能导出可观测的频率(包括其复数部分),但这些频率不再是我们预期趋向平衡的系统的能级之差。我们必须在更一般的函数空间求解 LPS 的量子刘维尔本征值问题。像在经典力学一样,这将包含两个基本成分:导致奇点的退定域分布函数,和导致新动力学过程的庞加莱共振。像在经典动力学一样,在统计层次上出现的新解不能约化为量

---

* 用 $E_\alpha - E_\beta^*$(E_β^* 是 E_β 的复共轭)代替 $E_\alpha - E_\beta$ 时会出现困难,这里 $E_\alpha - E_\alpha^* = -2i\gamma_\alpha \neq 0$,不存在平衡态。

子力学传统的波函数表述,且不再满足里兹-里德伯定则。在这一意义上,我们可以真正谈论量子理论的新表述。

V

作某种修正后,我们可以仿照第五章对经典系统给出的概率表述。刘维尔方程的形式解为 $i\frac{\partial \rho}{\partial t} = L\rho$,其中 $L\rho$ 在量子理论里是哈密顿量与 ρ 的对易式($L\rho = H\rho - \rho H$),它可以写为 $\rho(t) = e^{-iHt}\rho(0)e^{+iHt}$,或者 $\rho(t) = e^{-iLt}\rho(0)$。这些方程有什么区别? 在第一个表述中,我们有两个**独立的**动态演化:一个与 e^{-iHt} 有关联,另一个与 e^{+iHt} 有关联;一个向"未来"演化,另一个向"过去"演化(当 t 被 $-t$ 所代替时)。如果是这样的话,我们预期没有时间对称性破缺,统计描述能保持薛定谔方程的时间对称性。当我们包含与两个时间演化(e^{-iHt} 和 e^{+iHt})耦合的庞加莱共振时,情况就不再是这样。现在只存在唯一一个独立的时间演化(时间有"一维")。为了研究时间对称性破缺,我们必须从式 $\rho(t) = e^{-iLt}\rho(0)$ 出发,此式描述刘维尔空间中的单一时间序列。换句话说,我们必须按照单一时间序列来安排动力学事件。* 于是,与在经典力学中相同,我们可以把相互作用描述为被自由运动所分开的相继事件。在经典力学中,这些事件改变了波矢 k 和动量 p 的值。我们在第五章介绍了导致关联产生和关联消灭的各种事件,看到对于 LPS 而言,决定性的因素是新事件(图 5.7 中的气泡)出现,这些新事件与关联产生和关联消灭耦合。由于它们引入了扩散,打破了确定论,破坏了时间对称

---

* 如果不这么做,我们就必须十分谨慎。费恩曼著名的表述,即电子向未来传播,正电子向过去传播,它指的是按照单一时间序列安排动力学事件之前出现于薛定谔方程中的时间。

性，所以从根本上改变了经典动力学。我们也可以在量子力学中确认相同的事件。为此，我们需要在量子力学中引入变量，其作用如同波矢 k 在经典理论的傅里叶表示中所起的作用。在经典力学中，我们从统计表述出发，其中分布函数 $\rho(q, p)$ 表达为坐标 q 和动量 p 的函数。然后，我们进行包含波矢 k 和动量的傅里叶变换 $\rho_k(p)$。

在量子力学中，我们可以遵循类似的步骤。[10] 我们从动量表象中的密度矩阵 $\rho(p, p')$ 出发，密度矩阵是两组变量 p 和 p' 的函数。于是，我们引入新变量 $k = p - p'$ 和 $P = (p + p')/2$。现在，像在经典力学中一样，我们可以写出 $\rho_k(P)$。可见，k 在量子力学中所起的作用与波矢在经典力学所起的作用相同。（例如，在相互作用中波矢之和守恒，即 $k_j + k_n = k_j' + k_n'$。）再次像在经典力学中一样，庞加莱共振引入了与关联产生和关联消灭相耦合的新动力学事件，从而描述量子扩散过程。

对于 LPS，经典理论表述和量子理论表述大体上是平行的，仅仅在动量 P 的作用上呈现微小的差异。如第五章所述，对于每一事件，相互作用粒子的动量都改变。在量子力学中，我们使用两个变量 k 和 P，其中变量 P 取代经典动量。这些变量相互作用时，P 的修正与普朗克常量 h 有关。然而当 $h \to 0$ 时，我们回到经典动量 p。但这一差异并不对形式发展带来重要影响，我们在此不作详细讨论。

在上一章，我们介绍了瞬时相互作用与持续相互作用之间的根本性差别。持续相互作用之所以特别重要，原因在于，它们出现于可以应用热力学的所有情形中。像在经典力学中一样，相应于持续相互作用的分布函数 ρ 用变量 k 的奇异函数来描述。在经典动力学以及经典力学和量子力学中，持续散射是由统计力学和宇宙学所描述的典型情形。例如，在大气中，粒子不断碰撞，被散射后又再次碰撞。持续散射由退定域分布函数加以描述，退定域分布函数是波矢空间中的奇异函数。如我们在第五章所见，后者迫使我们走出希尔伯特空间。

通过考察退定域奇异分布函数和庞加莱共振,像在经典力学中一样,我们得到刘维尔算符 L 的复数的、不可约谱表示。像在经典动力学中一样,不可逆性与愈益高阶关联出现相联系。如在经典力学中那样,这导致动理学理论和宏观物理学中的新特征。我们的量子力学表述的基本结论如下:

1. 刘维尔算符的本征值不再是从薛定谔方程得到的哈密顿量的本征值之差。所以,里兹-里德伯定则被违背,系统不再是可积的,趋向平衡是可能的。

2. 与薛定谔方程的线性相联系的量子叠加原理被违背。

3. 刘维尔算符的本征函数不用概率幅或波函数而用概率本身来表达。

我们的预言已在简单情形中得到了证实,我们在此种情形中可以在希尔伯特空间之外追随波函数的坍缩。[11] 而且,它们产生了谱线形式的有意义的预言,使我们能够精确地描述趋向平衡。我们对不能详述其专门应用感到遗憾,但我们在本书中的目的仅仅是提供其理论背景的一个概览。

VI

1927 年,在布鲁塞尔举行的第五届索尔维物理学会议上,爱因斯坦和玻尔之间有一场历史性的论战。用玻尔的话来说:

> 为了引起讨论,我应邀在会议上就量子物理摆在我们面前的认识论问题作一个报告,借此机会讨论合适术语的问题,并阐述互补性观点。主要争论在于,物理学证据的无歧义交流,要求采用被经典物理词汇所适当加工过的通用语言来表达实验安排和观察记录。[12]

但是，在量子定律所支配的世界里，我们怎样用经典术语描述仪器呢？这是所谓哥本哈根诠释的弱点，但其中包含重要的真理因素。测量是一种交流手段。用玻尔的话来说，正是由于我们"既是演员又是观众"，因而可以了解关于自然的某些东西。但交流要求一个共同的时间，这一共同时间的存在是我们研究中的一个基本结论。

完成测量的仪器，无论是物理装置还是我们自己的感官知觉，都必须满足包括时间对称性破缺在内的受扩展的动力学定律。可积的时间可逆系统确实存在，但我们无法孤立地观测它们。正像玻尔所强调的，我们需要打破时间对称性的仪器。LPS 使这一分别变得模糊，因为它们打破了时间对称性，从而在一定意义上测量其自身。我们不必用经典术语描述仪器。就与热力学系统相联系的 LPS 而言，共同时间在量子层次上出现。

爱因斯坦深感烦恼的是量子理论的主观方面，它把悖理的作用归咎于观察者。在我们的思路看来，观察者通过他的测量不再在自然的演化中起某种过度的作用——至少不再像在经典物理学中那样。我们都将从外界接收到的信息转变为人这一尺度上的行动，但我们正在远离量子物理学所猜测的造物主，这个造物主被认为对自然从潜在性向实在性转变负责。

从这一意义上说，我们的方法恢复了理智。它消除了隐含在量子理论传统表述中的拟人特征。或许这会使量子理论让爱因斯坦更可接受。

第七章

我们与自然的对话

I

科学是人与自然的一种对话,这种对话的结果不可预知。在20世纪初,谁能想象到不稳定粒子、膨胀宇宙、自组织和耗散结构?但是,是什么使得这种对话成为可能?时间可逆的世界也会是一个不可知的世界。认识假定世界影响我们和我们的仪器,不仅假定存在着认识者与已知知识之间的相互作用,而且假定这种相互作用会造成过去与未来之间的区别。演化是科学必不可少的条件,事实上它就是知识本身。

认识自然始终是西方思想的基本目标之一,然而,不应把认识自然与控制自然等同起来。自以为了解他的奴隶,因为奴隶们服从他的命令,这样的奴隶主是盲目的。当我们转向物理学,我们的期望显然大不相同。但在这里,纳博科夫(Vladimir Nabokov)的信念仍然正确:"凡是能被控制的决不会完全真实;凡是真实的决不会完全被控制。"[1]科学的经典理念,一个没有时间、记忆和历史的世界,使人想起赫胥黎(Aldous Huxley)、昆德拉(Milan Kundera)和奥威尔(George Orwell)所描绘的极权主义梦魇。

斯唐热和我在我们的新著《在时间与永恒之间》中写道:

也许我们必须从强调动力学可逆性那几乎不可思议的属性出发。时间问题——时间流的维持、产生和消灭——一直处于人之焦虑的核心。许多推测对新奇思想提出了疑问,确认了因果之间无情的联系。多种多样的神秘学说否定了这个变动不居的不确定世界的实在性,界定了逃离生命苦难的理想的存在。我们知道,在古代,时间的轮回思想有多么重要。但是,如同季节的循环或者人类的世代更替一样,这一向源点永恒的复归本身就被时间之矢打上了烙印。从来没有什么推测或者学说确认为与无为之间的等价性:在发芽、开花到死亡的植物与死而复生、变得年轻以至复归为种子的植物之间;或者在长大和求知的人与返老还童,变为胚胎,最后变为细胞之间。[2]

在第一章,我们提到过伊壁鸠鲁的二难推理以及古人的原子论探讨。今天,情况在如下意义上已经大为改观:我们对我们的宇宙了解得愈多,就愈难相信决定论。我们生活在一个演化的宇宙之中,这个演化宇宙的根源隐含在物理学的基本定律之中,我们现在能够通过与确定性混沌和不可积性相联系的不稳定性概念来追溯其根源。机遇或概率不再是承认无知的一种方便途径,而是一种被扩展的新理性之组成部分。我们已经看到,对于这些系统,个体描述(轨道和波函数)与统计描述(用系综进行)之间的等价性被打破了。在统计层次上,我们可以结合不稳定性。不再涉及确定性而涉及概然性的自然法则,否决了存在与演化之间历史悠久的二分法。自然法则描述的是一个不规则的、混沌运动的世界,一个更像古代原子论者的图景,而不似规则的牛顿轨道的世界。这种无序构成宏观系统的基础,我们将与第二定律(熵增加定律)相联系的演化描述应用于这些系统。

我们考察了确定性混沌,讨论了庞加莱共振在经典力学和量子力学中的作用。我们看到，要获得超越经典力学和量子力学通常表述的统计表述，需要两个条件：第一是庞加莱共振的存在，它导致可以结合到统计描述中去的新的扩散型过程；第二是由退定域分布函数所描述的受扩展的持续相互作用。这些条件产生一个更普遍的混沌定义。在确定性混沌的情况下，我们获得不能由轨道或波函数表达的统计方程的新解。要是这些条件不能得到满足，我们就回到通常的表述。这是许多简单例子的情况，诸如二体运动（例如太阳和地球）和典型的散射实验，在这些实验中粒子在散射前后是自由的。然而，这些例子都对应于理想化。太阳和地球是多体行星系统的组成部分；被散射的粒子终将重新遇到其他粒子，所以它们从来就不自由。

只有通过隔离一定数目的粒子并研究它们的动力学，我们才能得到通常的表述。相反，时间对称性破缺是一种全局属性，这一属性把哈密顿动力学系统包容为一个整体。在第三、第四章讨论的混沌映射中，不可逆性甚至在只有几个自由度的系统中也会出现，其起因是过去常用来描述系统的运动方程的简化。

我们的方案的一个显著特征是，它适用于经典系统又适用于量子系统。我们所知道的其他所有理论方案都试图通过专门的量子机理来消除量子佯谬，而在我们看来，量子佯谬只是时间佯谬的一个方面。在哥本哈根诠释中，引入两种不同类型的时间演化的需要由测量过程所造成。按照玻尔本人的说法："每个原子现象在这样的意义上都是封闭的：对它的观测是基于由适当的放大仪器获得的记录，而这类仪器具有不可逆的功能，例如照相底片上的永久性痕迹。"[3] 正是这一测量难题导致需要波函数坍缩，迫使我们把第二类动力学演化引入量子力学。因此，时间佯谬和量子佯谬如此联系紧密并不令人惊奇。在解决前者的过程中，我们也解决了后者。我们在 LPS 中看到，量子动力学只能在统计层次上进行描述。而且，要了解关于量子过程的事情，我们又需要起仪器作用的 LPS。因此,包含不可逆性的量子时间演化第二定律变为普遍的规律。

正如雷(Alastair Rae)所述:"纯粹的量子过程(由薛定谔方程描述)只能在一个或多个参量与宇宙其余部分相分离,甚至与时空本身相分离的情况下发生,除非发生测量相互作用,否则其性态不会在宇宙其余部分留下任何痕迹。"[4] 不管是什么过程,不可逆性都会在某个时刻进入这个图景。对于经典力学可以作出几乎相同的表述!

常常听到,为了在这些难题方面取得进展,我们需要一个真正疯狂思想的灵感。海森伯喜欢问抽象派画家与优秀的理论物理学家之间的区别是什么。在他看来,抽象派画家必须创新,优秀理论物理学家必须保守。[5] 我们力求遵从海森伯的忠告。我们在本书中的思路与过去为解答时间佯谬或量子佯谬所提出的其他大多数方案相比肯定不够激进。我们最为疯狂的思想也许是,轨道不是首要的对象,而是平面波叠加的结果。庞加莱共振破坏了这种叠加的相干性,产生了一种不可约的统计描述。一旦理解了这一点,量子机制的推广就变得容易了。

II

有许多文献涉及热力学极限,即由极限 N(粒子数)$\to \infty$,体积 $V \to \infty$,而浓度 N/V 为有限值所定义的情况。这一极限只不过意味着粒子数 N 足够大时,$1/N$ 之类的项可以被忽略。这对于其中的 N 典型地为 10^{23} 数量级的通常的热力学系统是成立的。然而,不存在包含无穷数目粒子的系统。

宇宙本身就是高度异质性的,且远离平衡。这种情况阻止系统达到平衡态。例如,太阳内部不可逆的核反应产生的能流使我们的生态系统远离平衡,从而使生命在地球上的孕育成为可能。我们在第二章看到,非平衡产生新的集体效应,一种新的相干。有趣的是,这恰好是第五、第六章介绍的动力学理论的结果。

非平衡产生两种效应。如在贝纳尔不稳定性下,我们在液体下面加热,产生分子的集合流。若我们停止加热过程,则集合流瓦解而回到通常的热运动。在化学中情况就不一样了,不可逆性导致在近平衡条件下不会发生的分子形成。在这个意义上,不可逆性铭刻在物质之中。这很可能就是自我复制生物分子的起源。我们将不在这里探讨这个问题,不过我们注意到,相当复杂的分子在非平衡条件下(至少通过计算机模拟)确实能够产生。[6] 在讨论宇宙学的下一章里,我们将论证物质本身是不可逆过程的结果。

在非相对论性物理学中,无论是经典物理学还是量子物理学,时间都是普适的,但是与不可逆过程相联系的时间流则不然。我们现在要转到这一区别的惊人意义上来。

III

我们先考虑一个化学模型。假设时刻 t_0 从两种气体(如 CO 和 O_2)的两份等量混合物开始。这一可以产生 CO_2 的化学反应由金属表面加以催化。我们在其中一份中加入此种催化剂,在另一份中则不加入。若我们在后来的时刻 t 比较这两份混合气体,则它们的组成将完全不同,有催化剂的那份混合气体由化学反应所产生的熵将大得多。如果我们把熵产生与时间流联系起来,那么时间本身将因这两种样品而异,这一观察与我们的动力学描述相吻合。时间流源于依赖于哈密顿量(即依赖于动力学)的庞加莱共振。催化剂的引入改变了动力学,从而改变了微观描述。在另一个例子里,引力再次改变了哈密顿量,因而改变了共振。于是我们有相对论的双生子佯谬(我们将在第八章回到它上来)的一种非相对论性类似物。这里,假设我们把一对双生子(即两个LPS)送入太空,在 t_0 时刻从地球出发,t_1 时刻返回地球(参见图7.1)。他们在返回之前,一个双生子通过引力场,另一个双生子不通过引力场,则作为庞加莱共振的结果所产生的熵将不同,我们的双生子将以不同的"年龄"返回地球。这使我们得出如下基本结论:按照所考察的过程,甚至在牛顿宇宙,时间流也有不同的效果。我们的结论与基于普适的时间流的牛顿观点截然相反。但时间流在过去和未来起相同作用的自然描述中意味着什么?正是不可逆性产生时间流。时间演化不再由过去和未来在其中起相同作用的**群**来描述,而由包含时间方向的**半群**来描述。我们引入与熵产生相关联的时间时(见第二章),熵产生的符号是正的,故熵变

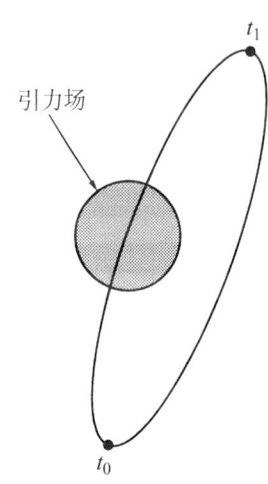

图7.1 引力场对时间流的影响

时间总是指向同一个方向。这是上述两个例子中的情形,即使熵变时间与时钟时间不同步。

我们可以对整个宇宙引入一个"平均"熵变时间,但由于自然界的异质性,这样做没有太大意义。不可逆的地质过程与生物过程相比有不同的时间尺度。更重要的是,存在着进化的多样性,它们在生物学领域中特别显著。如古尔德(Stephen J. Gould)所述,细菌自前寒武纪以来大致保持相同,而其他物种在短时间尺度里却显著地进化。[7] 因此,考虑简单的一维进化可能是一个错误。大约2亿年前,某些爬行动物开始飞行,而另一些爬行动物则留在地面上。在后来的一个阶段,某些哺乳动物回归海洋,而另一些哺乳动物留在陆地上。同理,某些猿进化为人,而另一些猿则不然。

在本章的结语部分，引用古尔德对生命的历史属性所下的定义是适宜的：

> 为了理解生命进程中的偶然事件和一般性，我们必须超越进化论原则，即超越地球生命史中偶然模式的古生物学考察——在成千上万、未偶然发生的、似有道理的可能性中实现了的那一种。这样的生命史观，与西方科学的传统确定性模型，和以人类历史的顶峰作为生命最高表达及有目的行星管理的西方文化的深远社会传统和心理期望背道而驰。[8]

我们都处于一个多种涨落的世界，有些涨落进化，有些涨落退化。这与第二章得到的远离平衡热力学结果完全相符。但我们现在走得更远。这些涨落是不稳定动力学系统微观层次上产生的涨落的根本属性的宏观表现。古尔德所强调的这些困难不再出现在我们对自然法则的统计表述中。始于动力学层次的不可逆性和时间流在宏观层次得到放大，继而在生命层次放大，最终在人类活动层次放大。什么驱动从一个层次到另一个层次的转变尚属未知，但至少我们得到了一个植根于动力学不稳定性的自洽的自然描述。生物学和物理学各自呈现的自然之描述现在开始合而为一。

为什么存在一个共同的未来？为什么时间之矢总指向同一方向？这只能说明我们的宇宙是一个整体，它有一个包含着时间对称性破缺的共同的起源。在这里，我们遇到了宇宙学难题。要对付这些难题，我们必须包含引力，进入爱因斯坦相对论的世界。

第八章

时间先于存在?

I

几年前,在莫斯科罗蒙诺索夫大学举办了一次物理学研讨会。会后,受人尊敬的俄罗斯物理学家伊万年科(Ivanenko)教授请我在一个特殊的墙壁上留言。狄拉克和玻尔等著名科学家都在那里题了词。我依稀记得狄拉克题写的一句话是:"美和真在理论物理学中会合。"我踌躇片刻后写道:"时间先于存在。"

对许多物理学家来说,接受宇宙起源的大爆炸理论意味着时间必定有开端,或许还有终结。但在我看来,我们宇宙的创生只是整个宇宙历史中的一个事件,因此,我们必须把它归因于先于我们宇宙创生的一个所谓"元宇宙"。

我们知道,我们正生活在一个膨胀宇宙之中。主导今天宇宙学领域的**标准模型**表明,如果我们逆时而归,就将归于一个奇点,即一个包含宇宙中所有能量和物质的点。然而,这一模型并未使我们能够描述这个奇点。原因在于,物理学定律不适用于物质和能量无穷致密时所对应的点。难怪惠勒(John Archibald Wheeler)谈到大爆炸时认为我们面临"物理学中最大的危机"。[1] 我们可以接受大爆炸为一个真实事件吗？我们如何把这一事件与时间可逆的确定性自然法则调和一致呢？我们回到了测量和不可逆性难题上来，但现在是在宇宙学框架内。

自大爆炸发现以来，科学界对这一奇点的奇异特性的反应是，要么试图完全取消大爆炸（参见第Ⅰ节和第Ⅲ节的稳恒态理论），要么把大爆炸看作误用时间概念的一种"错觉"（见第Ⅱ节霍金的虚时间），更有甚者把它视为类似于《圣经·创世记》中描述的一种奇迹。

众所周知，今天讨论宇宙学不涉及相对论是不可能的。朗道（Lev Davidovich Landau）和栗弗席兹（Evgeny Mikhailovich Lifschitz）的著名教科书赞誉相对论是"最优美的物理理论"。[2] 在牛顿物理学中，甚至被量子理论扩展时，空间和时间都是一劳永逸地给定的。而且，存在一种所有观测者共同的普适时间。在相对论中，情况不再如此，空间和时间都是图景的组成部分。这对于我们自己的诠释会带来什么后果呢？戴维斯在他的新著《论时间》中，对相对论的影响作了评价："把时间截然分为过去、现在和未来似乎是没有物理意义的。"[3] 他重申闵可夫斯基的著名论断："从今以后，空间本身，以及时间本身，注定要消亡成为纯粹的幻影。"[4]

我们已经提到爱因斯坦的名言："对我们这些有坚定信念的物理学家来说，过去、现在和未来的区分是一种错觉，尽管这是一种持久的错觉。"[5] 然而在爱因斯坦的晚年，他的看法似乎有了改变。1949年，他得到一本收录有大数学家哥德尔（Kurt Gödel）论文的论文集。哥德尔十分严肃地对待爱因斯坦的陈述：时间像不可逆性一样仅仅是一种错觉。他给爱因斯坦提供了一个宇宙学模型，在此模型中，回溯人的过去是可能的，爱因斯坦却对此不感兴趣。他在回信中写道，他不相信他可以"拍电报回到自己的过去"。他甚至补充说，这种不可能性将促使物理学家重新考察不可逆性难题。[6] 这正是我们已努力做的。

总之，我们想强调，相对论所带来的革命并未影响我们先前的结论。不可逆性(或时间流)仍旧像在非相对论性物理学中一样"真实"。也许我们可以证明,当能量越来越高时,不可逆性还将起更大的作用。有人(主要是霍金)提出,在早期的宇宙中,空间和时间丧失了它们的区别,时间变得充分"空间化"。但是,据我们所知,没有人对这种时间的空间化提出一种机制,或者提出可以使得空间和时间从常被描述为"泡沫堆"中显现的途径。

我们的立场与上述观点全然不同,因为我们把大爆炸看作一种绝妙的不可逆过程。我们认为,存在着从我们称之为**量子真空**的前宇宙来的不可逆相变。这种不可逆性是引力和物质相互作用所引起的前宇宙中的不稳定性造成的。显然,我们处于甚至危险地接近科学幻想小说的实证知识的边缘。

我们提出,在我们宇宙的创生过程中,与动力学过程相联系的不可逆过程可能起过决定性的作用。在我们看来,时间是无穷无尽的。我们有年龄,我们的文明有年龄,我们的宇宙有年龄,但时间本身既无开端也无终点。这就拉近了两个传统宇宙学观点:邦迪(Hermann Bondi)、戈尔德(Thomas Gold)和霍伊尔(Fred Hoyle)所提出的稳恒态理论,它更适用于产生我们宇宙的不稳定介质(元宇宙或前宇宙);以及标准大爆炸理论。[7]

再者,虽然推测的成分不可避免,但我们饶有兴趣地发现,强调时间和不可逆性作用的观点比以前的观点能更加准确地被表述,即使终极真理仍然远非我们所及。我完全同意印度宇宙学家纳里卡(Jayant Vaishnu Narlikar)的观点:"那些持'终极宇宙学难题'已经或多或少解决观点的当今天体物理学家在20世纪结束前定会大吃一惊。"[8]

II

我们继续研究,考察爱因斯坦的**狭义相对论**。这一理论将一个观察者相对于另一个观察者做匀速运动的两个惯性观察者作为出发点。在相对论性物理学以前的伽利略物理学中,两个观察者之间的距离 $l_{12}^2 = (x_2 - x_1)^2 + (y_2 - y_1)^2 + (z_2 - z_1)^2$,与两时刻间的间隔$(t_2-t_1)^2$保持相同。空间距离用欧几里得几何来定义。但是,这将导致两个观察者所测量的真空中的光速 c 有不同的值。按照经验,我们假设二者测量的光速值相同,像洛伦兹、庞加莱和爱因斯坦,我们必须引入时空间隔 $s_{12}^2 = c^2(t_1 - t_2)^2 - l_{12}^2$。当我们从一个惯性观察者向另一个惯性观察者运动时,这一间隔保持不变。与欧几里得几何有所不同,我们现在有闵可夫斯基时空间隔。从一个坐标系 x, y, z, t 变换到另一个坐标系 x', y', z', t',就是将空间和时间结合到一起的著名的洛伦兹变换。但是,时间与空间之间的差别无论如何不会丧失;在时空间隔中,减号表示空间维,加号表示时间。

这种情形通常由如图 8.1 所示的时空图说明。其中一个轴表示时间 t,另一个轴表示单个几何坐标 x。在相对论中,光在真空中的速度 c 是信号所能传递的最大速度,因此,我们可以在图中区分不同的区域。

观察者位于这幅图中的 O 点,他的未来包含在"锥体"BOA 中,他的过去包含在锥体 $A'OB'$ 中,这些锥体由光速 c 所确定,锥体内速度小于 c,锥体外速度大于 c,从而不可能实现。在这幅图中,事件 C 与 O 同

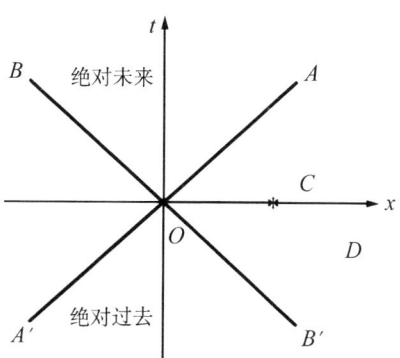

图 8.1 狭义相对论中过去和未来之间的区分

时，而事件 D 先于 O。但这一结论纯属约定俗成，因为洛伦兹变换将旋转轴 t、x，于是，D 可能与 O 同时，C 可能落后于 O。洛伦兹变换修正了同时性，但光锥不变。所以，时间的方向依旧如故。在相对论中确定自然法则是否时间对称，依然像相对论以前的物理学一样至关重要，但现在这个问题甚有关系。O 至多了解发生在它过去的事件，即在光锥 $A'OB'$ 内的事件。如图 8.2 所示，即使从 C 或 D 出发的事件以光速传递信号相联系，它们也将于后来的时刻 t_1 和 t_2 抵达。结果，O 只能收集有限的数据，这与已由米斯拉（Baidyanath Misra）和安东尼乌（Ioannis Antoniou）所研究的确定性混沌有惊人的相似。据说一个相对论性观察者在外部世界上仅有有限的窗口，在这里还有对应于过于理想化的确定性描述。[9] 这是我们走向统计描述的又一个原因。

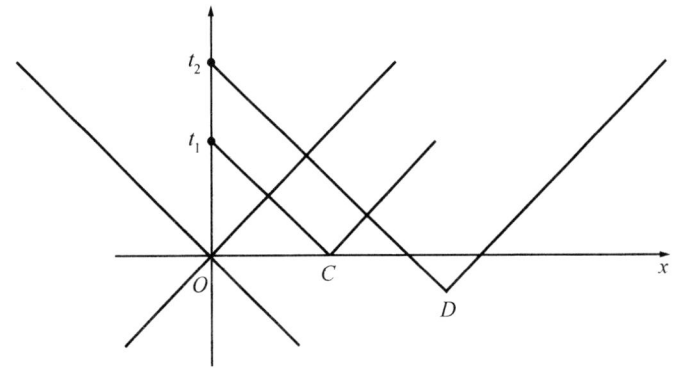

图 8.2

C 和 D 出发的事件于随后的时刻 t_1 和 t_2 到达观察者。

当然，相对论引入了一些很有趣的新效应，诸如著名的双生子佯谬。一个双生子留在地球上点 $x = 0$ 处，另一个双生子乘飞船离开地球在 t_0 时刻改变方向（O 在坐标系中是静止的），在 $2t_0$ 时刻返回地球，那位飞行双生子的时间间隔大于 $2t_0$。这就是爱因斯坦惊人的时间延缓

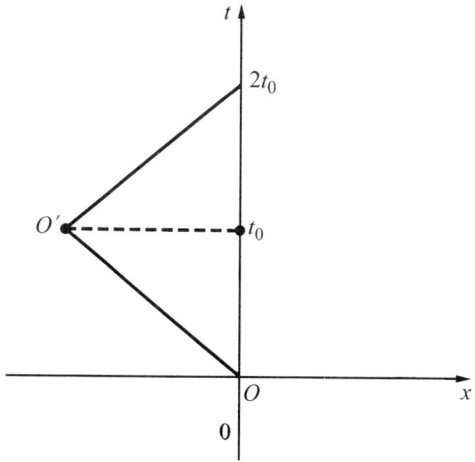

图 8.3 双生子佯谬

观察者 O' 相对于观察者 O 运动。

预言,它已被使用不稳定粒子所证实。所以,这些双生子的寿命依赖于相对论所预言的路径。在第七章,我们讲过时间流依赖于事件的历史,但是牛顿时间是普适的,与历史无关。现在,时间本身变为依赖于历史了。

福克(Vladimir A. Fock)在他有影响的著作《空间、时间和引力理论》中强调,我们在讨论双生子佯谬时必须极其小心,因为飞行的航天飞船上的时钟的加速效应被忽略了。[10] 他证明,当我们考察更详细的模型,这一模型中加速度是广义相对论所描述的引力场造成,就会得到不同的结果。时间延缓的符号甚至会改变。为检验广义相对论这些预言的有效性,应当设计全新的实验。

霍金在他的《时间简史》一书中引入了虚时间 $\tau = it$,所有四维在闵可夫斯基时空间隔里都是"空间化的"。[11] 在霍金看来,真实时间可能就是这种虚时间,这使得洛伦兹间隔的数学公式具有对称性。霍金的论点确实超出了相对论,但它把宇宙描述为一种静态的几何结构,从而否定时间的实在性,与时间流在所有观察层次上起的作用相矛盾。

我们现在回到我们论证的中心课题上来,考虑相对论对经典哈密顿动力学或量子力学所描述的系统的影响。狄拉克及其追随者已经阐明,如何把狭义相对论的需要与哈密顿描述相结合。[12] 相对论要求物理定律对所有惯性系保持相同。在第五、第六章,我们隐含地假定系统作为一个整体是静止的。但是根据相对论,无论系统整体上是否相对于某个观察者做匀速运动,类似的描述都成立。我们看到,庞加莱共振破坏了过去和未来在其中起同样作用的动力学群,从而我们得到打破时间对称性的半群。在前相对论性物理学中,群和半群使距离 l_{12}^2 保持不变。在相对论中,我们也可以引入使闵可夫斯基间隔保持不变的群和半群。遗憾的是,由于证明过于专业,这里无法给出。总之,这一结论表明,闵可夫斯基时空间隔并不与不可逆过程相矛盾。相对论意味着时间的空间化,这并不成立。如闵可夫斯基所述,空间和时间不再是独立的存在,但这不排除时间之矢的存在。

这样的结论可以预料到。如果时间对称性破缺发生于一个惯性系内,那么按照相对论的定义,它必然在所有惯性参考系里都出现。因此,不可逆过程理论无论在非相对论性系统还是在相对论性系统里都十分相似(某些形式变化除外)。但是,存在着一个基本差别:相互作用不再是瞬时的,而是以光速传播。例如,对于量子理论框架中的带电粒子,相互作用由光子传递。这导致了诸如粒子辐射光子所造成的辐射阻尼此类附加不可逆过程。用较为普通的术语来说,在相对论性物理学中,我们考虑与场相联系的粒子(光子是与电磁场相联系的粒子),不可逆性由这些场相互作用所造成。

到目前为止,我们认为闵可夫斯基时空间隔与狭义相对论相符。为了完成我们的宇宙学讨论,我们必须包括引力,这首先需要将闵可夫斯基时空间隔进一步推广。

III

我们先回到大爆炸问题上来。如前所述,逆时间回溯我们的膨胀宇宙,我们到达奇点:密度、温度和曲率在此都变成无穷。从今天观察到的星系的退行速率来看,我们可以估算宇宙创生发生在约150亿年前。这个把我们与大爆炸分开的时间惊人地短。为了用年来表示它,我们要将地球的自转作为时钟。如果我们想到,在氢原子中,电子每秒钟要旋转大约10万亿次,那么地球公转150亿周就实在是一个很小的数字了!

无论时间标度如何,科学所产生的最超乎寻常的启示之一,肯定是在我们宇宙的起源时存在某些原初事件。物理学只能处理某些种类的现象,大爆炸似乎不属于此类现象。乍一看,它在物理学其他地方似乎没有可比拟物。

许多科学家宁愿借助"上帝之手"或者圣经创世传说来解释这个奇点,于是科学将重建超越物理理性的行为的存在性。其他科学家试图回避他们看到的这种不安情况。在这一意义上一个引人注目的尝试,是邦迪、戈尔德和霍伊尔提出的稳恒态宇宙模型。[13]这一模型基于完全宇宙学原理:在宇宙中不仅没有优先空间,也不存在优先时间。根据这一原理,过去和未来的每一个观察者,都能够赋予宇宙同一些参量值,如温度和物质密度。稳恒态宇宙有指数膨胀的特点,这种膨胀为物质的永恒创生所补偿。膨胀与创生之间的同步,维持物质—能量密度恒定不变,从而产生处在连续创生状态中一个永恒的宇宙的图景。尽管稳恒态模型颇有吸引力,却仍然存在某些重大困难。尤其是,为了保持稳恒态,我们需要在宇宙演化(宇宙膨胀)与微观事件(物质创生)之间进行微调。只要没有提出这种机制,膨胀与创生之间补偿的假说就大有疑问。

正是实验结果,促使绝大多数宇宙学家放弃稳恒态模型而支持如今被视为标准模型的大爆炸。这就是 1965 年由彭齐亚斯(Arno Penzias)和威尔逊(Robert Wilson)发现的如今著名的 2.7 K 微波背景辐射。[14] 早在 1948 年,阿尔弗(Ralph A. Alpher)和赫尔曼(Robert Herman)就预言了此种辐射存在。他们推断,如果宇宙在过去比现在更热和更致密,那么它在起初一定是"不透明"的,并有足够能量的光子和物质进行强烈的相互作用。可以证明,温度约在 3000 K 时,物质与光之间的平衡受到破坏,由于辐射与物质"脱离",我们的宇宙就变成透明的了。于是,形成热辐射的光子的性质随后仅有的变化,是波长随着宇宙大小的增加而增加。因此,阿尔弗和赫尔曼能够预言,如果光子在其与物质的平衡被破坏的时间(即宇宙"创生"后约 300 000 年),确实形成 3000 K 的黑体辐射,那么这种辐射的温度今天应相当于约 3 K。这就是对 20 世纪所预期的最重大实验发现的里程碑式预言。[15]

标准模型处于当代宇宙学的核心,科学家们公认,它产生了大爆炸奇点之后最初一秒钟宇宙的正确描述。但是,第一秒钟内的宇宙状态仍悬而未决。

为什么有某种事物,而不是什么都没有呢?这看来是实证知识范围之外的终极问题。然而,这一问题可以用物理学术语来表述,从而与不稳定性和时间难题相联系。目前非常流行的一个此种表述,把我们宇宙的创生定义为**免费午餐**,这一思想由特赖恩(Edward Tryon)在 1973 年提出,但它似乎又回到了约当的观点。特赖恩认为,我们宇宙可以描述为具有两种能量形式,一种与引力有关,因而是负能量;另一种与质量有关,根据爱因斯坦著名的质能公式 $E = mc^2$,是正能量。[16]

这会引发我们作出推测,宇宙的总能量可能是零,因为它等于空无一物宇宙的能量。因此,大爆炸可能与保持能量守恒的真空中的涨落有关。这是一个非常诱人的思想。非平衡结构(如贝纳尔涡旋或化学振荡)的产生(其中能量守恒)也相应于"免费午餐",因为非平衡结构的代价是熵,而不是能量。在这种情况下,我们能否确定负的引力能量的来源,并把它转化为正的物质—能量?这是我们现在要探讨的问题。

IV

爱因斯坦最杰出的贡献,或许是把引力与时空曲率联系起来。我们在狭义相对论中看到,闵可夫斯基时空间隔是 $ds^2 = c^2 dt^2 - dl^2$。在广义相对论中,时空间隔变为 $ds^2 = \sum g_{\mu\nu} dx^\mu dx^\nu$,其中 μ、ν 取 4 个值:0(时间)和 1,2,3(空间)。所得到的 10 个不同的函数(因为 $g_{\mu\nu} = g_{\nu\mu}$)表征时空,或黎曼几何。说明黎曼几何一个简单例子,是把球视为弯曲的二维空间。

在牛顿时空观中,时空被一劳永逸地给定,且与它包含的物质无关。我们现在明白,由于爱因斯坦革命,时空与物质之间的联系由爱因斯坦基本场方程所表达,该方程与两个客体有关:一方面我们有用 $g_{\mu\nu}$ 及其对空间和时间的导数描述时空曲率的表达式;另一方面我们又有用其物质—能量内容和压强来定义物质内容的表达式。这个物质内容是时空曲率的来源。爱因斯坦早在 1917 年就把他的方程应用于作为一个整体的宇宙了,于是设定了现代宇宙学的方向。为实现这一应用,他提出了一个与他的哲学观点一致的、无时间的静态模型。斯宾诺莎是爱因斯坦最喜欢的哲学家,我们可以在这一模型的选择中觉察出斯宾诺莎的精神。

后来,奇事接踵而至,弗里德曼(Alexander Friedmann)和勒梅特(Georges-Henri Lemaître)证明,爱因斯坦的宇宙太不稳定,极小的涨落就会使其毁灭。[17] 在实验方面,哈勃(Edwin Powell Hubble)及其合作者发现了我们宇宙的膨胀。[18]嗣后,在1965年观测到了残余黑体辐射,得出现代标准宇宙模型。

  为了从广义相对论基本方程到宇宙学领域,我们必须引入简化假设。标准模型与弗里德曼、勒梅特、罗伯逊(Howard Robertson)和沃克(Arthur Walker)等人的名字连在一起。这一模型以宇宙学原理为基础,该原理假设,在大尺度上看来,宇宙可以被视为均匀的和各向同性的,所以度规取简单形式 $ds^2 = c^2 dt^2 - R^2(t) dl^2$ (所谓弗里德曼间隔)。这一表达式与闵可夫斯基时空在两方面有所不同:dl^2是空间元,它对应于零空间曲率(如在闵可夫斯基空间中),或者对应于正或负空间曲率(如对于球或者双曲面);$R(t)$通常称为宇宙半径,它相应于时间t的天文观测极限。爱因斯坦方程把$R(t)$和空间曲率与物质—能量平均密度和压强关联起来。爱因斯坦宇宙演化也表述为熵守恒,故爱因斯坦方程是时间可逆的。

  一般认为,标准模型至少使我们定性地了解宇宙创生后几分之一秒发生的事情。这是一个了不起的成就,但我们对在此之前发生了什么仍然一无所知。当我们追溯到以前时,会到达一个无穷密度的点。我们能够外推到这点之外吗?为了给出这里涉及的数值范围,引入普朗克标度是有用的。普朗克标度分别量度长度、时间和能量,可以用3个普适常量得到:普朗克常量h、引力常量G和光速c。于是,我们得到普朗克长度 $l = \sqrt{\dfrac{Gh}{c^3}} \sim 10^{-35}$ m,普朗克时间为10^{-44}秒数量级,普朗克能量对应于10^{32}度数量级的高温。这些标度与极小几何大小、极短时间和极大能量所刻画的极早期宇宙相关联似乎是合理的。在这个"普朗克时代",量子效应能够起重要作用。[19]我们现在到达当今物理学的极限,在这里我们遇到引力量子化或等价的时空量子化基本难题。通解虽然仍远离我们,但我们至少表述了一个模型,这个模型包含庞加莱共振和不可逆性在我们宇宙最开端上的作用。我们现在阐述促使我们提出这一模型的某些思路。

我们注意到，弗里德曼时空间隔（当我们考虑欧几里得三维几何情形时）可以写为 $ds^2 = \Omega^2(t)(dt_c^2 - dl^2)$，其中 t_c 是**共形时间**。这是闵可夫斯基时空间隔乘以称作**共形因子**的函数 Ω^2。这样的共形时空间隔具有显著的特点，$ds^2 = 0$ 时它们使光锥守恒。纳里卡等人指出，它们是量子宇宙学的天然出发点，因为它们把弗里德曼宇宙作为特例包含在内。[20]

作为时空的函数的共形因子，以与电磁场那样的其他场同样的方式和场相关。（请记住：场是由明确定义的能量及哈密顿量所刻画的动力学系统。）布劳特（Robert Brout）及其合作者证明，共形因子具有独特的性质，因为它相应于负能量（即它的能量没有下确界），而任何给定物质场的能量是正能量。结果，被共形因子所描述的引力场可以起负能库的作用，从负能库中提取能量而产生物质。[21]

这就是"免费午餐"模型的理论基础。在此模型中，总能量（引力场+物质）守恒，引力能被转化为物质。布劳特等人为正能量的提取提出了一种机制。除共形场外，他们还引入了物质场，并且证明爱因斯坦方程产生了一个合作过程，即物质和发源于闵可夫斯基时空（包含零引力能和零物质能）的弯曲时空同时出现。他们的模型表明，这样的合作过程引起宇宙半径随时间推移呈指数增长。[这被称为德西特（de Sitter）宇宙。]

这些结论值得注意，因为它们指出了把引力转化为物质的**不可逆**过程的可能性。它们还使我们把注意力集中于前宇宙阶段，即闵可夫斯基真空，它是不可逆转化的出发点。请注意，这一模型并未描述无中生有创世。量子真空已得到宇宙常量的支持，假定我们可以把它们归属于现有的值。

我们宇宙的创生不再与奇点相联系,而与比拟于相变或分岔的不稳定性相联系。然而,这一理论仍存在许多伤脑筋的问题。布劳特等人使用了半经典近似,其中,物质场是量子化的,而共形场则用经典方式处理。在量子效应起基本作用的普朗克时代,这种情况不大可能发生。

贡资(Edgar Gunzig)和纳尔多内(Pasquale Nardone)提出了质疑:如果与平坦几何背景相联系的量子真空在引力相互作用下确实是不稳定的,为什么这一过程不发生在连续基础之上呢?他们已经证明,在这种半经典近似下,为了发动这一过程,我们需要数量级为 50 个普朗克质量($\sim 50 \cdot 10^{-8}$ kg)重质量粒子云的初始涨落。[22]

这些结果可以与宇宙必须作为开系对待的宏观热力学方法相结合。因此,我们可以观察到,损失引力能而产生物质和能量(见图 8.4)。这迫使我们对热力学第一定律作出许多修正,现在在热力学第一定律中存在着物质—能量源,它使诸如压强这样的量的定义发生了变化。* 既然熵与物质有着特别的联系,故时空向物质的转化对应于产生熵的不可逆耗散过程,而物质转化为时空的逆过程则不可能。因而,我们宇宙的创生是熵猝发的结果。

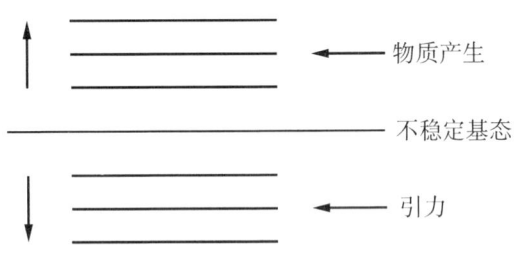

图 8.4 物质以消耗引力场而产生

在这一简单模型中,宇宙没有稳定的基态。

---

* "创世"压强是负压强。因此,一个经常被引用的霍金和彭罗斯定理所指出的宇宙开始于奇点并包含正压强是不成立的。

引力场与物质场的相互作用，导致来自短时间和短距离（它们在量子理论里对应于高能量值和高动量值）的发散。这些所谓的"紫外"发散是大量有意义研究的对象，那些研究产生了已证明十分成功的一套步骤，叫做重正化程序。然而，某些困难仍然存在。前面几章讨论过场理论与热力学情形之间存在着惊人的相似。这里亦然，我们正处理无始无终的持续相互作用，所以我们必须超越希尔伯特空间。

尽管这一新场论尚在孕育之中，它的主要结论却合理：在宇宙学层次可能不存在稳定基态，因为在物质产生时共形因子达到较低的能量。虽然这一研究思路有待继续下去，但我们在本书中强调的两个概念不可逆性和概率显然构成这一研究的重要组成部分。宇宙出现在引力场幅度和物质场幅度量值较大的地方，出现的时间、地点仅有统计意义，因为它们与这些场的量子涨落相联系。这一描述不仅适用于我们宇宙，而且也适用于元宇宙，即个体宇宙诞生于其中的介质。在我们看来，这里我们又有一个类似于激发原子衰变的庞加莱共振的例子。然而，在这种情况下，衰变过程不产生光子，而产生众多宇宙！甚至在**我们的**宇宙创生之前，就存在着时间之矢，这个箭头将永远继续。

当然，迄今我们仅有一个简化模型。爱因斯坦囊括所有相互作用的统一理论之梦想如今依然未死。[23] 然而，这样的统一理论与宇宙的创生及随后的演化相联系，因而必须考虑宇宙的时间方向特征。这只有在某些场（如引力）与其他一些场（如物质）起着不同的作用时才能实现；换言之，统一是不够的。我们需要一个更加辩证的自然观。

时间的起源问题也许将永远伴随着我们，但是，时间没有开端——时间确实先于我们宇宙的存在——这一思想正变得越来越可信。

第九章

一条窄道

I

常常有人提出,不可逆性具有与我们宇宙创生相联系的宇宙学起源。不错,宇宙学需要解释时间之矢何以普适,但是,不可逆过程并没有因为我们宇宙的创生而停止,它们今天在所有层次(包括地质演化和生物进化)上仍然存在。我们在第二章所介绍的耗散结构,不仅在实验室里而且在生物圈中发生的大规模过程里通常都能观察到,但是,不可逆性只有借助传统上等同于经典力学和量子力学的微观描述才能得到充分认识。这需要一种新自然法则表述,它不再基于确定性,而基于概然性。承认未来不被确定,我们得出确定性终结的结论。这岂不是承认人的心智失败?不,我认为恰好相反。

意大利作家卡尔维诺(Italo Calvino)写过一本讨人喜欢的小说集《宇宙喜剧》。书中的人生活在我们宇宙的极早期,他们聚在一起回忆那个宇宙小到他们的身体可以完全填满的恐怖时期。[1] 假如牛顿是这一群体中的一员,物理学史会是何种样子呢?他会观察到粒子的产生与衰变,观察到物质和反物质相互湮没。从一开始,宇宙就呈现为一个远离平衡的具有不稳定性和分岔的热力学系统。

确实，如今我们能够孤立出简单的动力学系统，对经典力学和量子力学定律进行检验。然而，它们对应于可用于宇宙内稳定动力学系统的理想化。在宇宙这个远离平衡的巨热力学系统里，我们在所有层次均发现了涨落、不稳定性和演化模式。另一方面，确定性久已被与对时间和创造力的否定联系起来。在其历史源流中来考察这个难题是很有意义的。

II

我们如何才能达到确定性呢？这一问题位于笛卡儿著作的核心。图尔敏(Stephen Toulmin)在他发人深省的书《国际都市》中试图阐明促使笛卡儿探索确定性的环境。[2] 他描述了17世纪的悲惨景象，那是一个政治动乱、天主教徒与基督教徒为了宗教教义而发生战争的年代。正是在这种冲突期间，笛卡儿开始了对一种不同类型确定性的探索，一种所有人（与他们的宗教信仰无关）都可以共享的确定性。他将他著名的"我思"(cogito)作为他的哲学的基础。他确信，以数学为基础的科学是达到这种确定性的唯一途径。笛卡儿的观点已被证明是十分成功的，它们影响了我们在第一章讨论过的莱布尼兹的自然法则概念。（莱布尼兹也想创立一种能够消除宗教分歧并促使宗教战争结束的语言。）笛卡儿对确定性的追求在牛顿的工作中得到了具体实现，牛顿的工作在300年里一直保持为物理学的典范。

图尔敏的分析揭示了围绕笛卡儿探求确定性的历史环境与爱因斯坦的历史环境之间的一种明显的平行关系。对爱因斯坦来说，科学是一种逃避现实存在之混乱的途径。他把科学活动比作"不可阻挡地促使城市居民离开喧闹嘈杂、拥挤不堪的市区到寂静的高山上去的渴望"。[3]

爱因斯坦对人类状况有较深的悲观主义观点。他一生经历了人类历史上特别悲惨的时期：法西斯主义和反犹太主义兴起和两次世界大战爆发。爱因斯坦的物理直觉可以认为是人类理性超越暴力世界的最高成就，它把客观知识从不确定和主观范畴分离出来。

但爱因斯坦所构想的科学——逃离人类存在之变幻无常——仍然是当今的科学吗？我们不能离开受污染的城市而迁居高山，我们必须参与明天社会的建设。用斯科特(Peter Scott)的话来说："世界，我们的世界，要不断拓展知识和价值的疆域，超越事物的已知性质，想象新的、更美好的世界。"[4]

科学始于勇于肯定理性之力量，但它看来却终于异化——对赋予人的生命以意义的一切事物的否定。我们坚信，我们这个时代可以视为用我们的世界观探索一种新型统一的时代，科学必须在实现这一新的统一中发挥重要作用。

我们在第八章曾提到，在爱因斯坦晚年，他得到一本论文集，其中有大数学家哥德尔的论文。在答复哥德尔时，他否定了他关于过去与未来之间的可能等价性的观点。对于爱因斯坦来说，不管永恒的诱惑力有多么大，承认时间倒流就是否定现实世界，他不同意哥德尔对他自己观点的激进诠释。[5]

如鲁比诺(Carl Rubino)所注释的，荷马(Homer)的《伊利亚特》围绕时间难题展开，因为阿喀琉斯(Achilles)着手寻求某种万古不易的东西：

> 《伊利亚特》的智慧（其主人公阿喀琉斯学得太迟的一个痛苦教训）在于，此种完善只可在付出人性的代价才能得到：为了获得这一新程度的荣耀，他必须失去他的生命。对男人和女人来说，对我们来说，永恒不易，摆脱变易的自由，平平安安，免除生活那恼人的沉浮，都只有在我们通过死亡或成仙而

与这一生命分离时实现。贺拉斯(Horace)告诉我们,诸神是产生平安生活、免于恐惧和变易的唯一活物。⁶

荷马的《奥德赛》以《伊利亚特》的辩证对立面出现。奥德修斯(Odysseus)是够幸运的,能在永为卡吕普索(Calypso)的情夫从而永生不死,与回归人性且最终老死之间作出选择。最后,他选择了超越永恒的时间,选择了超越诸神命运的人的命运。

自荷马以来,时间已成为文学的核心论题。在大作家博尔赫斯(Jorge Luis Borges)一篇题为《时间的新反驳》的文章里,我们发现了与爱因斯坦的反应十分相似的反应。在描述了使时间成为一种错觉的观点以后,他断言:"然而,然而……否定时间的连续,否定自我,否定天体宇宙,表面上是冒险,实际上是慰藉。……时间是组成我的物质。时间是冲着我顺流而下的河流,但我就是河流;时间是毁灭我的虎,但我就是虎;时间是焚烧我的火,但我就是火。不幸,世界是真实的;不幸,我是博尔赫斯。"⁷时间和实在有着不可分割的联系。否定时间可能是一种慰藉,也可能是人类理性的成就。否定时间总是对实在的否定。

否定时间是对科学家爱因斯坦和诗人博尔赫斯的一种诱惑。爱因斯坦多次讲过,他从陀思妥耶夫斯基(Fyodor Dostoyevsky)那里学到的东西比向任何物理学家学到的还多。1924年,他在给玻恩的信中写道,若他被迫放弃严格的因果律,他"宁愿做一个补鞋匠,或甚至做赌场里的雇员,而不愿意做一个物理学家"。⁸物理学要有价值,就必须满足他的摆脱人类状况悲剧的需要。"然而,然而,"爱因斯坦面临哥德尔提出的他的探索的极端结果,面临物理学家努力做到的否定实在性时,却后退了。

我们当然理解爱因斯坦拒绝了回答我们问题的唯一一次机会。事实上,我们努力要走的是一条窄道,它介于皆导致异化的两个概念之间:一个是确定性定律所支配的世界,它没有给新奇性留有位置;另一个则是由掷骰子的上帝所支配的世界,在这个世界里,一切都是荒诞的、非因果的、无法理喻的。

我们力图使本书成为沿这条窄道的旅行,从而展示人的创造力在科学中的作用。十分奇怪的是,这一创造力常常被低估了。我们都承认,倘若莎士比亚(Shakespeare)、贝多芬(Beethoven)、梵高(van Gogh)刚出生就死去,则没有其他人能取得他们所取得的成就。对科学家也是这样吗?如果没有牛顿,某个其他人就不能发现经典运动定律吗?热力学第二定律的表述难道完全取决于克劳修斯吗?在艺术创造力和科学创造力之间的对比中存在着某个真理。科学是一项集体事业,为了得到公认,科学问题的解必须满足精确的判据和要求。这些限制不仅不消除创造力,反而激发创造力。

时间佯谬的表述本身就是人的创造力和想象力的超乎寻常的业绩。如果科学受限于经验事实,那么如何能设想否定时间之矢呢?时间对称定律的阐述不是单纯靠引入任意的简化所取得的,它把经验观察和理论建构结合在一起。这就是时间佯谬的解决不能通过简单地诉诸常识,或者通过对动力学定律的专门修正来完成的原因。它甚至不是单纯地发现经典理论大厦的弱点问题。为了取得根本性的进展,我们必须引入诸如确定性混沌和庞加莱共振这样的新物理概念,引入使这些弱点转化为长处的新数学工具。在我们与自然的对话中,我们首次把貌似障碍的东西转化为创新的概念结构,把新鲜观点注入认识主体与认识客体之间的关系之中。

现今正在出现的,是位于确定性世界与纯机遇的变幻无常世界这两个异化图景之间某处的一个"中间"描述。物理学定律产生了一种新型可理解性,它由不可约的概率表述来表达。当与不稳定性相联系时,新自然法则无论是在微观层次还是在宏观层次都处理事件的概率,而不把这些事件约化到可推断、可预言的结局。这种对何者可预言、可控制与对何者不可预言、不可控制的划界,将有可能满足爱因斯坦对可理解性的探求。

在沿着这条回避盲目定律与无常事件之间激动人心抉择的窄道时,我们发现了在此之前"从科学的网孔中滑过"(怀特海语[9])的我们周围的大部分具体世界。在科学史上这一值得庆幸的时刻,我们面对新的世界,我们希望能够把这一信念传达给我们的读者。

注 释

致谢

1. I. Prigogine and I. Stengers, *Entre le Temps et l'Eternité* (Paris: Librairie Arthème Fayard, 1988; 2nd ed., Paris, Flammarion, 1992).

2. I. Prigogine and I. Stengers, *Das Paradox der Zeit* (Munich: R. Piper & Co. Verlag, 1993); I. Prigogine and I. Stengers, *Time, Chaos and Quantum Theory* (Moscow: Ed. Progress, 1994).

3. I. Prigogine, *La Fin des Certitudes* (Paris: Odile Jacob, 1996).

4. I. Prigogine and I. Stengers, *Order Out of Chaos* (New York: Bantam Books, 1984); I. Prigogine, *From Being to Becoming* (San Francisco: W. H. Freeman, 1980).

引言 一种新的理性?

1. K. R. Popper, *The Open Universe: An Argument for Indeterminism* (Cambridge: Routledge, 1982), p. xix.

2. W. James, "The Dilemma of Determinism," in *The Will to Believe* (New York: Dover, 1956).

3. G. Gigerenzer, Z. Swijtink, T. Porter, J. Daston, J. Beatty, and L. Krüger, *The Empire of Chance* (Cambridge: Cambridge University Press, 1989), p. xiii.

4. 见 L. Krüger, J. Daston, and M. Heidelberger, eds., *The Probabilistic Revolution* (Cambridge, Mass.: MIT Press, 1990), 1: 80。

5. Gigerenzer et al., *Empire of Chance*.

6. Popper, *Open Universe*.

7. R. Tarnas, *The Passion of the Western Mind* (New York: Harmony, 1991), p. 443.

8. I. Leclerc, *The Nature of Physical Existence* (London: Allen and Unwin; New York: Humanities Press, 1972).

9. J. Bronowski, *A Sense of the Future* (Cambridge, Mass.: MIT Press, 1978), p. ix.

10. S. Hawking, *A Brief History of Time: From the Big Bang to Black Holes* (New York: Bantam Books, 1988).

第一章　伊壁鸠鲁的二难推理

1. 对于伊壁鸠鲁，见 J. Barnes, *The Presocratic Philosophers* (London：Routledge, 1989)。他可能想到相信某种决定论的斯多葛派学者。

2. 对于卢克莱修，见 Titus Lucretius Carus, *De Natura Rerum*, ed. C. Bailey (Oxford：Oxford University Press, 1947)。

3. K. R. Popper, *The Open Society and Its Enemies* (Princeton, N. J.：Princeton University Press, 1963)。

4. 对于巴门尼德，见 Barnes, *Presocratic Philosophers*。

5. Plato, *The Sophist* (New York：Garland, 1979)。

6. J. Wahl, *Traité de Métaphysique* (Paris：Payot, 1968)。

7. P. S. Laplace, *Oeuvres Complétes de Laplace* (Paris：Gauthier-Vilars, 1967)。

8. G. von Leibniz, *Discourse on Metaphysics and Other Essays*, ed. D. Garber and R. Ariew (Indianapolis：Hackett, 1991)。

9. J. Needham, *Science and Society in East and West: The Grand Titration* (London：Allen and View, 1969)。

10. 对于爱因斯坦—泰戈尔通信（A. Robinson 译），见 K. Dutta and A. Robinson, *Rabindranath Tagore* (London：Bloomsbury, 1995)。

11. Popper, *Open Universe*, 在上述引文中。

12. H. Bergson, *Oeuvres* (Paris：Presses Universitaires de France, 1959), p. 1331.

13. James, *Dilemma of Determinism*, 在上述引文中。

14. J. Searle, "Is There a Crisis in American Higher Education?" *Bulletin of the American Academy of Arts and Sciences* 46, no. 4 (January 1993)：24.

15. *Scientific American* 271, no. 4 (October 1994)。

16. S. Weinberg, 同上, p. 44。

17. Hawking, *Brief History of Time*, 在上述引文中。

18. R. Descartes, *Méditations métaphysiques* (Paris：J. Vrin, 1976)。

19. R. Penrose, *The Emperor's New Mind* (Oxford：Oxford University Press, 1990), pp. 4—5.

20. A. N. Whitehead, *Process and Reality*, ed. D. Griffin and D. Sherborne, corrected ed. (New York：Macmillan, 1978)。

21. C. P. Snow, *The Two Cultures and the Scientific Revolution. The Two Cultures and a Second Look* (Cambridge：Cambridge University Press, 1964)。

22. R. J. Clausius, *Ann. Phys.* 125 (1865)：353; Prigogine and Stengers, *Order Out of Chaos*, 在上述引文中。

23. A. S. Eddington, *The Nature of the Physical World* (Ann Arbor：University of

Michigan Press, 1958).

24. 见 Prigogine, *From Being to Becoming*。

25. H. Poincaré, "La Mécanique et l'expérience," in *Revue de Métaphysique et Morale* 1 (1893): 534—537, and *Leçons de Thermodynamique*, ed. J. Blondin (Paris: Herman, 1923).

26. 对于策梅洛, 见 S. Brush, *Kinetic Theory* (New York: Pergamon Press, 1962), vol. 2。

27. R. Smoluchowski, "Vorträge über die kinetische Theorie der Materie und Elektrizität," 1914, 转引自 H. Weyl, *Philosophy of Mathematics and Natural Science* (Princeton, N. J.: Princeton University Press, 1949)。

28. M. Gell-Mann, *The Quark and the Jaguar* (London: Little, Brown, 1994). pp. 218—220.

29. M. Planck, *Treatise on Thermodynamics* (New York: Dover, 1945).

30. M. Born, *The Classical Mechanics of Atoms* (New York: Ungar, 1960); 转引自 M. Tabor, *Chaos and Integrability in Nonlinear Dynamics* (New York: Wiley, 1969)。

31. Prigogine, *From Being to Becoming*, p. 213.

32. 见 H. Price, *Time's Arrow and Archimedes' Point: New Directions for the Physics of Time* (Oxford: Oxford University Press, 1996)。

33. J. L. Lagrange, *Théorie des fonctions analytiques* (Paris: Imprimerie de la République, 1796).

34. Gell-Mann, *Quark and the Jaguar*.

35. L. Rosenfeld, "Unphilosophical Considerations on Causality in Physics," in *Selected Papers of Léon Rosenfeld*, ed. R. S. Cohen and J. J. Stachel, *Boston Studies in the Philosophy of Science*, vol. 21 (Dordrecht: Reidel, 1979), pp. 666—690.

36. Borel, 转引自 L. Krüger, J. Daston, and M. Heidelberger, *Probabilistic Revolution*。

37. J. W. Gibbs, *Elementary Principles in Statistical Mechanics* (New York: Scribner's, 1902).

38. H. Poincaré, *The Value of Science* (New York: Dover, 1958).

39. B. Mandelbrot, *The Fractal Geometry of Nature* (San Francisco: W. H. Freeman, 1983).

40. H. Poincaré, *New Methods of Celestial Mechanics*, ed. D. Goroff (American Institute of Physics, 1993).

41. M. Born, 转引自 M. Tabor, *Chaos and Integrability in Nonlinear Dynamics*, p. 105。

42. Tabor, *Chaos and Integrability*.

43. M. Jammer, *The Philosophy of Quantum Mechanics* (New York: Wiley-Interscience, 1974); A. I. M. Rae, *Quantum Physics: Illusion or Reality?* (Cambridge: Cambridge University Press, 1986).

44. P. Davies, *The New Physics: A Synthesis* (Cambridge: Cambridge University Press, 1989), p. 6.

45. 引自 K. V. Laurikainen, *Beyond the Atom: The Philosophical Thought of Wolfgang Pauli* (Berlin: Springer Verlag, 1988), p. 193。

46. Cl. George, I. Prigogine, and L. Rosenfeld, "The Macroscopic Level of Quantum Mechanics," *Kong. Danske Viden. Selskab Matematisk-fysiske Medd.* 38 (1972): 1—44.

47. 例如, 见 W. G. Unruh and W. H. Zurek, "Reduction of a Wavepacket in Quantum Brownian Motion," *Phys. Rev.* 40 (1989): 1070。

48. J. S. Bell, *Speakable and Unspeakable in Quantum Mechanics* (Cambridge: Cambridge University Press, 1989).

49. Gell-Mann, *Quark and the Jaguar*.

50. G. C. Ghirardi, E. Rimini, and T. Weber, *Phys. Rev.* D34 (1986): 470.

51. B. d'Espagnat, *Conceptual Foundations of Quantum Theory*, Benjamin, California, 1976.

52. 见 I. Farquhar, *Ergodic Theory* (London: Interscience Publishers, 1964)。

53. J. von Neumann, *Mathematical Foundations of Quantum Mechanics* (Princeton, N. J.: Princeton University Press, 1955).

54. Cohen, *Probabilistic Revolution*.

55. H. Poincaré, *Science and Hypothesis* (New York: Science Press, 1921).

第二章　仅仅是一种错觉？

1. I. Prigogine, *Bull. Acad. Roy. Belgique* 31 (1945): 600. 亦见 *Etude thermodynamique des phénomènes irréversibles* (Liège: Desoer, 1947)。

2. Lagrange, *Théorie des fonctions analytiques*.

3. Hawking, *Brief History of Time*.

4. Bergson, *L'Evolution créatrice*, in *Oeuvres*, p. 784.

5. 同上, p. 1344。

6. Poincaré, *Science and Hypothesis*.

7. Whitehead, *Process and Reality*.

8. Eddington, *Nature of the Physical World*.

9. T. De Donder and P. Van Rysselberghe, *Affinity* (Menlo Park, Calif.: Stanford

University Press, 1967); I. Prigogine, *Introduction to Thermodynamics of Irreversible Processes*, 3rd ed. (New York: Wiley, 1967).

10. G. N. Lewis, *Science* 71 (1930): 570.

11. E. Schrödinger, *What Is Life?* (Cambridge: Cambridge University Press, 1945).

12. I. Prigogine, *Bull. Acad. Roy. Belgique* 3, (1945): 600.

13. L. Onsager, *Phys. Rev.* 37 (1931): 405; 38 (1931): 2265. 这一定理的证明涉及著名的昂萨格倒易关系。

14. P. Glandsdorff and I. Prigogine, *Thermodynamic Theory of Structure, Stability and Fluctuations* (New York: Wiley-Interscience, 1971).

15. G. Nicolis and I. Prigogine. *Exploring Complexity* (San Francisco: Freeman, 1989).

16. 同上。

17. 对振荡反应的评述，见 *Chemical Waves and Patterns*, ed. R. Kapral and K. Showalter (Newton, Mass: Kluwer, 1995)。

18. 对非平衡空间结构的评述，见 Special Issue of *Physica A* 213, nos. 1—2, "Inhomogeneous Phases and Pattern Formation," ed. J. Chanau and R. Lefever (North-Holland, 1995)。

19. A. M. Turing, *Phil. Trans. Roy. Soc. London*, Ser. B, 237 (1952): 37.

20. Nicolis and Prigogine, *Self-Organization* and *Exploring Complexity*.

21. Nicolis and Prigogine, *Exploring Complexity*; Prigogine, *From Being to Becoming*.

22. C. K. Biebracher, G. Nicolis, and P. Schuster, *Self-Organization in the Physico-Chemical and Life Sciences*, Report EUR 16546 (European Commission, 1995).

第三章　从概率到不可逆性

1. Prigogine, *From Being to Becoming*.

2. P. and T. Ehrenfest, *Conceptual Foundations of Statistical Mechanics* (Ithaca, N. Y.: Cornell University Press, 1959).

3. A. Bellemanns and J. Orban, *Phys. Letters* 24A (1967): 620.

4. I. Prigogine, *Nonequilibrium Statistical Mechanics* (New York: Wiley, 1962); R. Balescu, *Equilibrium and Non Equilibrium Statistical Mechanics* (New York: Wiley, 1975); P. Resibois and M. De Leener, *Classical Kinetics of Fluids* (New York: Wiley, 1977).

5. A. Lasota and M. Mackey, *Probabilistic Properties of Deterministic Systems*

(Cambridge: Cambridge University Press, 1985).

6. Jan von Plato, *Creating Modern Probability: Its Mathematics, Physics, and Philosophy in Historical Perspective* (Cambridge, Mass: Cambridge University Press, 1994).

7. D. Ruelle, *Phys. Rev. Letters* 56 (1986): 405; *Commun. Math Phys.* 125 (1989): 239; H. Hasegawa and W. C. Saphir, *Phys. Rev. A* 46 (1992): 7401; H. Hasegawa and D. Driebe, *Phys. Rev. E* 50 (1994): 1781; P. Gaspard, *J. of Physics A* 25 (1992): L483; I. Antoniou and S. Tasaki, *J. of Physics A: Math. Gen.* 26 (1993): 73; *Physica A* 190 (1992): 303.

8. I. Prigogine, *Les Lois du Chaos* (Paris: Flammarion, 1994), and *Le leggi del caos* (Rome: Laterza, 1993).

第四章　混沌定律

1. Hasegawa and Saphir, *Phys. Rev. A* 46 (1992): 7401; Hasegawa and Driebe, *Phys. Rev. E* 50 (1994): 1781; P. Collet and J. Eckman, *Iterated Maps on the Interval as Dynamical Systems* (Boston: Birckhauser, 1980); P. Shields, *The Theory of Bernoulli Shifts* (Chicago: University of Chicago Press, 1973).

2. P. Duhem, *La théorie physique. Son objet. Sa structure* (reprint, Paris: Vrin, 1981), vol. 2.

3. Hasegawa and Saphir, *Phys. Rev. A* 46 (1992): 7401; Hasegawa and Driebe, *Phys. Rev. E* 50 (1994): 1781; Gaspard, *Journal of Physics* 25 (1992): L483; Antoniou and Tasaki, *Journal of Physics A: Math. Gen.* 26 (1993): 73.

4. 同上。

5. Mandelbrot, *The Fractal Geometry of Nature*; P. and T. Ehrenfest, *Conceptual Foundations of Statistical Mechanics*.

6. Nicolis and Prigogine, *Exploring Complexity*; Prigogine, *From Being to Becoming*.

7. 例如,见 F. Riesz and B. Sz-Nagy, *Functional Analysis* (New York: Dover, 1991)。

8. Prigogine, *From Being to Becoming*; V. Arnold and A. Avez, *Ergodic Problems of Classical Mechanics* (New York: Benjamin, 1968).

9. Hasegawa and Saphir, *Phys. Rev. A* 46 (1992): 7401; Hasegawa and Driebe, *Phys. Rev. E* 50 (1994): 1781; Gaspard, *Journal of Physics* 25 (1992): L483; Antoniou and Tasaki, *Journal of Physics A: Math. Gen.* 26 (1993): 73.

10. P. Gaspard, *Physics Letters A* 168 (1992): 13, and *Chaos* 3 (1993): 427; H. Hasegawa and D. Driebe, *Physics Letters* A 168 (1992): 18, and *Phys. Rev. E*

50（1994）：1781；H. Hasegawa and E. Luschei,"Exact Power Spectrum for a System of Intermittent Chaos," *Physics Letters A* 186（1994）：193.

第五章　超越牛顿定律

1. T. Petrosky and I. Prigogine,"Alternative Formulation of Classical and Quantum Dynamics for Non-Integrable Systems," *Physica A* 175（1991）；T. Petrosky and I. Prigogine,"Poincaré Resonances and the Limits of Trajectory Dynamics," *PNAS* 90（1993）：9393；T. Petrosky and I. Prigogine,"Poincaré Resonances and the Extension of Classical Dynamics," *Chaos, Solitons and Fractals* 5（1995）.

2. 见有关傅里叶级数的任一本教材。

3. Prigogine, *Nonequilibrium Statistical Mechanics*.

4. 见 Petrosky and Prigogine,"Poincaré Resonances"。

5. 见 S. G. Brush, *Kinetic Theory*（Oxford：Pergamon Press, 1972）, vol. 3。

6. 见 Y. Pomeau and P. Résibois, *Physics Reports* 19, 2（1975）：63。

7. T. Petrosky and I. Prigogine,"New Methods in Dynamics and Statistical Physics"（待发表）。

8. Prigogine, *Nonequilibrium Statistical Mechanics*；亦见本章注释1中的引文。

第六章　量子理论的统一表述

1. R. Penrose, *Shadows of the Mind*（Oxford：Oxford University Press, 1994）, chap. 5.

2. P. Davies, *The New Physics*；Rae, *Quantum Physics*.

3. J. C. von Neumann, *Mathematical Foundations of Quantum Theory*.

4. T. Petrosky and I. Prigogine,"Quantum Chaos, Complex Spectral Representations and Time-Symmetry Breaking," *Chaos, Solitons and Fractals* 4（1994）：311；T. Petrosky and I. Prigogine, *Physics Letters A* 182（1993）：5；T. Petrosky, I. Prigogine, and Z. Zhang（待发表）。

5. K. R. Popper, *Quantum Theory and the Schism in Physics*（Totowa, N. J.：Rowman and Littlefield, 1982）.

6. 标准教科书为 P. A. M. Dirac, *The Principles of Quantum Mechanics*（Oxford：Oxford University Press, 1958）。

7. M. Jammer, *The Philosophy of Quantum Mechanics*（New York：John Wiley, 1974）.

8. A. Eddington, *The Nature of the Physical World*（Ann Arbor：University of Michigan Press, 1958）.

9. A. Böhm, *Quantum Mechanics*（Berlin：Springer, 1986）；A. Böhm and M.

Gadella, *Dirac Sets, Gamov Vectors and Gelfand Triplets* (Berlin: Springer, 1989); G. Sudarshan, *Symmetry Principles at High Energies*, ed. A. Perlmutter et al. (San Francisco: Freeman, 1966); G. Sudarshan, C. B. Chiu, and V. Gorini, *Physical Review D* 18 (1978): 2914.

10. Petrosky and Prigogine, "Quantum Chaos"; T. Petrosky and Z. Zhang（待发表）。

11. Petrosky and Prigogine, "Quantum Chaos" and *Physics Letters*; Petrosky, Prigogine, and Zhang（待发表）。

12. N. Bohr, "The Solvay Meeting and the Development of Quantum Physics," in *La Théorie quantique des champs* (New York: Interscience, 1962).

第七章 我们与自然的对话

1. V. Nabokov, *Look at the Harlequins* (New York: McGraw-Hill, 1974).

2. Prigogine and Stengers, *Entre le Temps et l'Eternité*.

3. N. Bohr, *Atomic Physics and Human Knowledge* (New York: Wiley, 1958).

4. A. I. M. Rae, *Quantum Physics*.

5. W. Heisenberg, *The Physical Principles of the Quantum Theory* (Chicago: University of Chicago Press, 1930).

6. 见 Nicolis and Prigogine, *Exploring Complexity*。

7. S. J. Gould, *Scientific American* 271, no. 4 (October 1994): 84.

8. 同上。

第八章 时间先于存在？

1. J. Wheeler，转引自 H. Pagels, *Perfect Symmetry* (New York: Bantam Books, 1986), p. 165。

2. L. D. Landau and E. M. Lifschitz, *The Classical Theory of Fields* (London: Pergamon Press, 1959).

3. P. Davies, *About Time* (London: Viking, 1995).

4. H. Minkowski, *The Principle of Relativity: Original Papers* (Calcutta: University of Calcutta, 1920).

5. A. Einstein, *Correspondence Einstein-Michele Besso* 1903—1955 (Paris: Hermann, 1972).

6. *Albert Einstein: Philosopher-Scientist*, ed. P. A. Schlipp (Evanston, Ill.: Library of Living Philosophers, 1949).

7. H. Bondi, *Cosmology* (Cambridge: Cambridge University Press, 1960).

8. 见 J. V. Narlikar and T. Padmanabhan, *Gravity, Gauge Theory and Quantum*

Cosmology (Dordrecht: Reidel, 1986)。

9. I. Antoniou and B. Misra, *Journal of Theoretical Physics* 31 (1992): 119.

10. V. Fock, *The Theory of Space, Time and Gravitation* (New York: Pergamon Press, 1959).

11. Hawking, *Brief History of Time*.

12. P. A. M. Dirac, *Rev. Mod. Phys.*, 21 (1949): 392; D. J. Currie, T. F. Jordan, and E. C. G. Sudarshan, *Rev. Mod. Phys.*, 35 (1962): 350; R. Balescu and T. Kotera, *Physica* 33 (1967): 558; U. Ben Ya'acov, *Physica*.

13. Bondi, *Cosmology*.

14. 见 S. Weinberg, *The First Three Minutes: A Modern View of the Origin of the Universe* (New York: Basic Books, 1977)。

15. 见 Alpher and Herman, in *Nature* 162 (1948): 774, and *Physical Review* 75, no. 7 (1949): 1089。

16. 见 E. P. Tryon, in *Nature* 266 (1973): 396。

17. 见 S. Weinberg, *Gravitation and Cosmology: Principles and Applications of the General Theory of Relativity* (New York: Wiley, 1972)。

18. 同上。

19. 见 J. V. Narlikar and T. Padmanabhan, *Gravity*。

20. Narlikar and Padmanabhan, *Gravity*.

21. R. Brout, F. Englert, and E. Gunzig, *Ann. Phys.* 115 (1978): 78; *General Relativity and Gravitation* 10 (1979): 1; R. Brout et al., *Nuclear Physics B* 170 (1980): 228; E. Gunzig and P. Nardone, *Physics Letters B* 188 (1981): 412, and also in *Fundamentals of Cosmic Physics* 11 (1987): 311.

22. E. Gunzig, J. Géheniau, and I. Prigogine, *Nature* 330 (1987): 621; I. Prigogine, J. Géheniau, E. Gunzig, and P. Nardone, *Proc. Nat. Acad. Sci. USA* 85 (1988): 1428.

23. S. Weinberg, *Dreams of a Final Theory* (New York: Pantheon Books, 1992).

第九章 一条窄道

1. I. Calvino, *Cosmicomics*, trans. W. Weaver (New York: Harcourt, Brace & World, 1969).

2. S. Toulmin, *Cosmopolis* (Chicago: Chicago University Press, 1990).

3. A. Einstein, *Ideas and Opinions* (New York: Crown, 1954), p. 225.

4. P. Scott, *Knowledge, Culture and the Modern University*, 75th Jubilee of the Rijksuniversiteit (Groningen, Holland, 1984).

5. *Albert Einstein: Philosopher-Scientist.*

6. Carlo Rubino,未发表。

7. J. L. Borges, "A New Refutation of Time," *Labyrinths*, Penguin Modern Classics (Harmondsworth: Penguin Books, 1970), p. 269.

8. A. Einstein and M. Born, *The Born-Einstein Letters* (New York: Walker, 1971), p. 82.

9. A. N. Whitehead, *Process and Reality.*

图书在版编目(CIP)数据

确定性的终结:时间、混沌与新自然法则/(比)伊利亚·普里戈金著;湛敏译. —上海:上海科技教育出版社,2018.7(2025.10重印)

(哲人石丛书:珍藏版)

ISBN 978-7-5428-6736-0

Ⅰ.①确… Ⅱ.①伊… ②湛… Ⅲ.①时间哲学-普及读物 Ⅳ.①B160.9-49

中国版本图书馆CIP数据核字(2018)第120280号

责任编辑 潘 涛 张 静 王 洋	出版发行 上海科技教育出版社有限公司
封面设计 肖祥德	(201101 上海市闵行区号景路159弄A座8楼)
版式设计 李梦雪	网 址 www.sste.com www.ewen.co
	印 刷 常熟市文化印刷有限公司
确定性的终结——时间、混沌与新自然法则	开 本 720×1000 1/16
	印 张 11.25
[比]伊利亚·普里戈金 著	版 次 2018年7月第1版
湛 敏 译	印 次 2025年10月第10次印刷
张建树 校	书 号 ISBN 978-7-5428-6736-0/N·1030
	图 字 09-2014-145号
	定 价 32.00元

LA FIN DES CERTITUDES

(The End of Certainty: Time, Chaos, and the New Laws of Nature)

by

ILYA PRIGOGINE

In collaboration with Isabelle Stengers

Copyright © Editions Odile Jacob, 1996

This edition arranged with EDITIONS ODILE JACOB

through BIG APPLE TUTTLE-MORI AGENCY, LABUAN, MALAYSIA

Simplified Chinese edition copyright © 2018 by

Shanghai Scientific & Technological Education Publishing House

ALL RIGHTS RESERVED.

上海科技教育出版社业经 Big Apple Tuttle-Mori Agency 协助取得

本书中文简体字版版权